U0178742

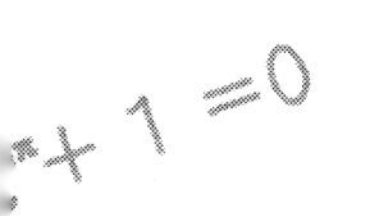

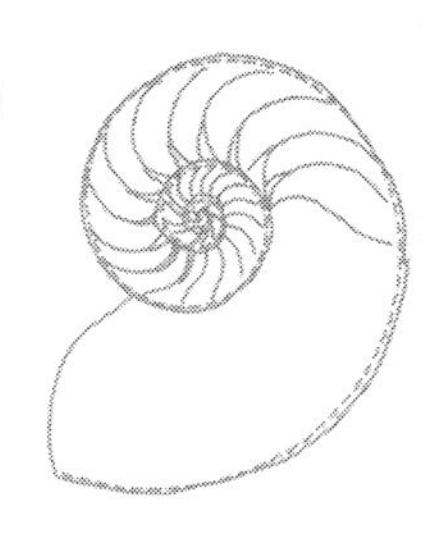

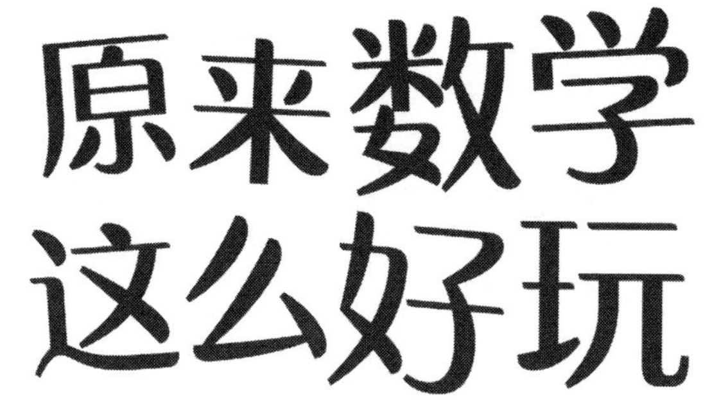

原来数学这么好玩

生活中的趣味数学

[日] 富岛佑允 / 著　彭佳 / 译

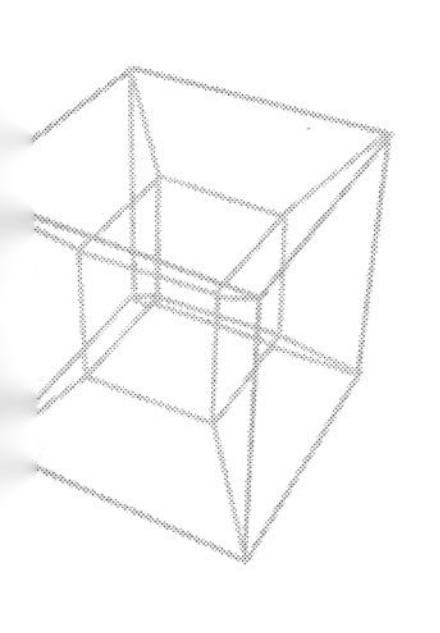

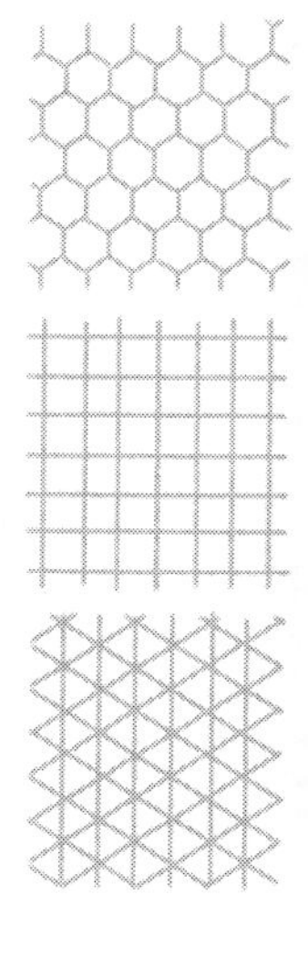

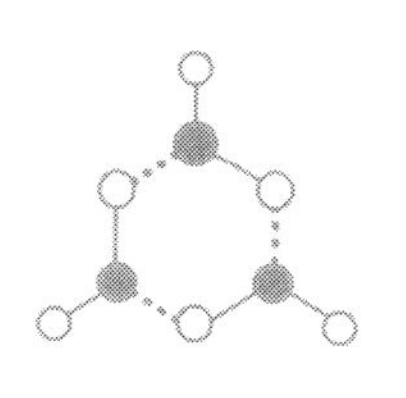

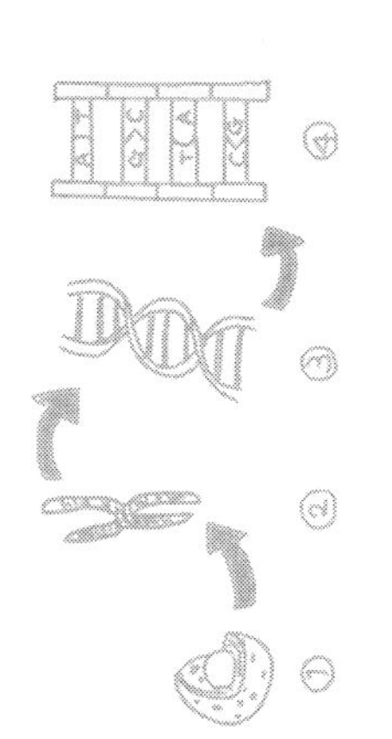

浙江人民出版社

图书在版编目 (CIP) 数据

浙江省版权局
著作权合同登记章
图字：11-2020-025 号

原来数学这么好玩：生活中的趣味数学 / (日) 冨岛佑允著；彭佳译. -- 杭州：浙江人民出版社，2021.7

ISBN 978-7-213-09963-2

Ⅰ. ①原… Ⅱ. ①冨… ②彭… Ⅲ. ①数学—普及读物 Ⅳ. ① O1-49

中国版本图书馆 CIP 数据核字（2021）第 015126 号

原来数学这么好玩：生活中的趣味数学

[日]冨岛佑允 著　彭佳 译

出版发行：浙江人民出版社（杭州市体育场路 347 号　邮编：310006）
市场部电话：（0571）85061682　85176516
责任编辑：王　燕
特邀编辑：周海璐
营销编辑：陈雯怡　赵　娜　陈芊如
责任校对：姚建国
责任印务：刘彭年
封面设计：北京红杉林文化发展有限公司
电脑制版：北京尚艺空间文化传播有限公司
印　　刷：杭州丰源印刷有限公司
开　　本：880 毫米 ×1230 毫米　1/32　　印　　张：5.75
字　　数：95 千字　　插　　页：1
版　　次：2021 年 7 月第 1 版　　印　　次：2021 年 7 月第 1 次印刷
书　　号：ISBN 978-7-213-09963-2
定　　价：49.00 元

目 录

第1章 形 状

第2章 数

第3章 动 态

第4章 无限大的数

第 | 章

形状

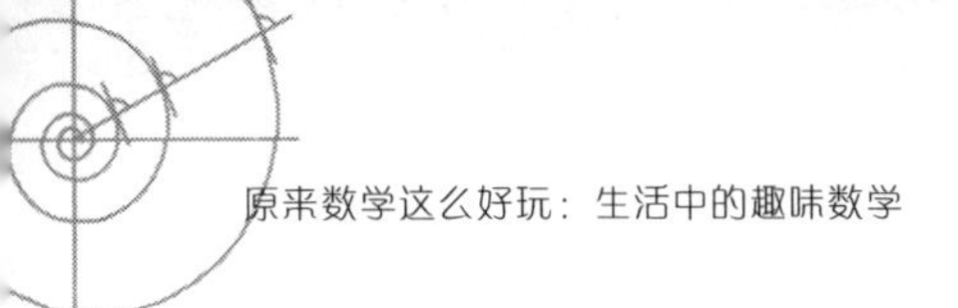

雪花的形状、斑马身上的条纹、贝壳上的纹路……

这些日常生活中常见的图形里隐藏着各种数学定律。

在古希腊，几何学用数理知识来解释自然界各种图形中隐藏的定律。

几何学曾盛极一时，被视为人类获取宇宙奥秘的钥匙。

毕达哥拉斯专门创建了宣传数学教义的“毕达哥拉斯学派”，对几何学展开研究。

如果能摸清“形状”的规律，原本不可理解的事物就会变得可以理解。

例如，机器猫的四次元口袋中装着什么？

我们虽然对四次元世界的认知有限，但如果对三次元世界有一定的了解，也就能明了四次元世界中的“形状”。

另外，六边形的蜂巢中隐藏着如何用有限的资源建筑宽敞又牢固的房屋的数学原理，小小的蜜蜂其实都是伟大的“数学家”。

在本章，我们将探寻隐藏在我们身边的各种“形状”的定律。

让我们化身为毕达哥拉斯，去挖掘美丽的数学定律吧！

1.1 蜂巢为什么是六边形的?

天地万物有着各种各样的形状——蜂巢是六边形的，蜗牛的壳上有美丽的螺旋状纹路，斑马身上有黑白相间的条纹，雪花的花瓣上有复杂且规则的循环图案，等等。为什么自然界中会有这么多不同的形状呢？以蜂巢为例，为什么蜜蜂一定要将它筑造成六边形的呢？我们平时看到的房子不都是四边形的吗？

其实，这里面隐藏着蜜蜂的“经济学”智慧。蜜蜂的房子是用来储存蜂蜜或养育幼虫的。无论出于哪种目的，蜂巢一定是越宽敞越好。蜂巢越宽敞，能储存的蜂蜜越多，也越利于小蜜蜂的成长。

但是，对于蜜蜂来说，筑巢是一个非常消耗体力的活儿。众所周知，蜂巢是由蜂蜡一点一点堆积而成的。而蜂蜡则是以工蜂食用的蜂蜜为原料，在工蜂体内酝酿后，以蜡质的形式从工蜂腹部分泌出来的。工蜂用脚将蜂蜡一点点铺开，制

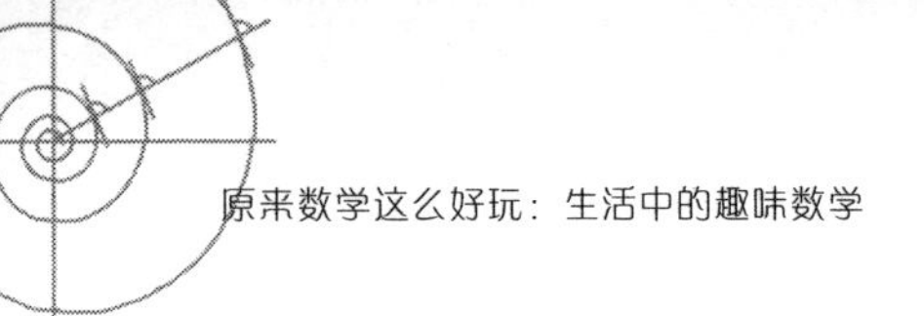

成蜂巢的巢壁。每 10 克蜂蜡大约需要 80 克蜂蜜。

我们先来了解一下蜜蜂的生活。采蜜是工蜂的职责，每只蜂王手下有数万只工蜂，工蜂是雌蜂。蜂巢中还有蜂王和数百只雄蜂，它们都要依靠工蜂所采的蜜来维持生存，而蜂王和雄蜂只负责繁殖后代。

工蜂的寿命一般为 1 个月左右。一只工蜂一生中能采集的蜂蜜仅为 4~6 克。也就是说，工蜂为蜂王奉献了自己的一生，而它们用一生的时间采集的蜂蜜最多只能制成不足 1 克的蜂蜡。

工蜂日复一日地在空中飞舞，辛勤地采集花蜜。它们没有周末也没有休息日，每天从早忙到晚。虽然每只工蜂能采集的蜂蜜少得可怜，但是它们有着庞大的数量，所以仍可以维持整个蜂巢的运转。

江户时代的大米与工蜂采集的蜂蜜

对于蜜蜂来说，蜂蜜是它们生存的必需品，和金钱对于人类的意义是一样的。相对于蜜蜂付出的辛劳，它们得到的回报实在是太少了。蜂蜜是蜜蜂的食物，把食物比作金钱似乎不妥，但对于日本人来说，直到江户时代，他们仍然将大米作为货币来使用。

如今，用于体现国民经济水平的指标是GDP（国民生产总值），而在江户时代，则是以大米——农民（劳动者）及武士（军事力量）的口粮的生产量来衡量一个藩的经济水平的。例如，某藩今年“加贺100万石”（此1石大米相当于现在的150千克大米），表示这个藩今年大米产量为15万吨。那时的农民将大米作为佃租，也就是所谓的年贡，交给大名。江户时代初期有“四公六民”一说，意思是农民有义务将四成收成上缴给公家，换作现代说法就是要上缴40%的税。这一制度在江户时代中期变成了“五公五民”，即农民要上缴五成的收成。

正如江户时代的经济水平靠大米来衡量，蜜蜂的经济活动是靠蜂蜜完成的。蜂蜜既是蜜蜂的食物，也是筑造蜂巢的原料，所以对于蜜蜂来说，蜂蜜更显得弥足珍贵了，一丁点都不能浪费。所以蜜蜂在筑造蜂巢的时候必须考虑以下两个问题：

1. 空间尽可能大；
2. 节约成本。

人们在租房子的时候，都会在有限的预算内，尽可能找面积大的房子。蜜蜂也是这样，在筑巢的时候力求用最低的

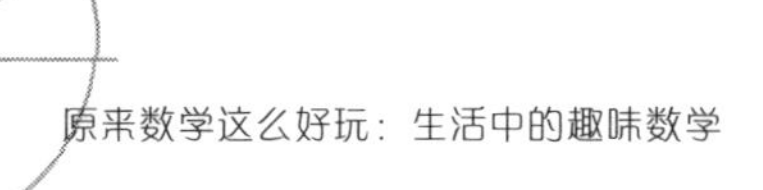

成本达到最大的舒适度。如果蜜蜂来找你商量蜂巢的形状，那么你会推荐什么形状呢？接下来，让我们将各种形状的蜂巢比对一下，再找到最优的形状。首先，试一下圆形的，如图 1–1 所示。

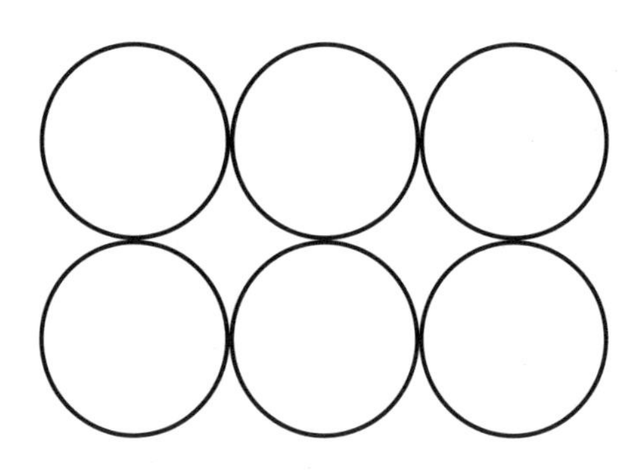

图 1–1　圆形蜂巢平面效果

从上图可以看出，如果蜂巢是圆形的，不管怎样排列，都会存在大量的空隙。虽然对于周长相等的图形来说，圆形的面积最大，但是将蜂巢筑造成圆形的同时也产生了大量的空隙，这样做会浪费很多空间。由此看来，圆形的蜂巢显然是不合理的。那么，什么形状的蜂巢没有空隙呢？

据说，古希腊著名数学家毕达哥拉斯提出，**在同一平面内用多个大小相同的基本图形进行拼接，能不留空隙的只有三角形、四边形和六边形三种**。如图 1–2 所示。

因此，为了最大限度地利用空间，蜂巢的形状只能是三

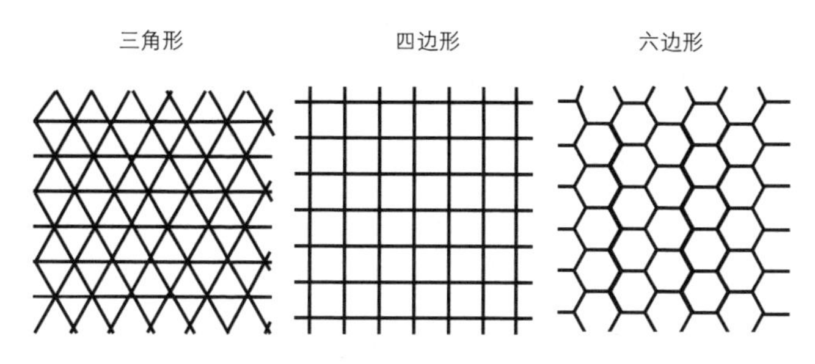

图 1–2　在同一平面内可以无空隙拼接的图形

角形、四边形或六边形。那么，在这三种图形中，哪种最能满足蜜蜂的需求呢?

需要注意的是，蜂巢是以蜂蜡为原材料制成的，而蜂蜡非常难得。**如果想用有限的蜂蜡筑造面积尽可能大的蜂巢，就要选择在相等周长的前提下，面积最大的图形。**

这个问题可以通过折纸来解答。如图 1–3 所示，首先用同样大小的纸折出上述三种形状的纸筒，然后比较它们的横截面积。

假设将周长固定为 12 cm，下面我们逐个计算三个纸筒的横截面积，看看哪种纸筒的横截面的面积最大。

首先计算三角形纸筒的横截面积。在周长一定的情况下，所有三角形中，面积最大的是等边三角形，也就是正三角形。如果周长为 12 cm，那么边长就是 4 cm，三角形面积的计算公式为“底 × 高 ÷ 2”，周长为 12 cm 的等边三角形的面积为:

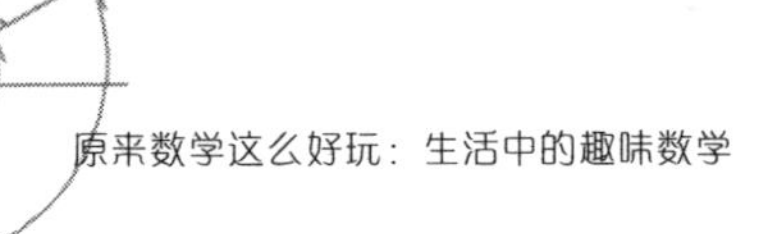

$$4\ \text{cm} \times 2\sqrt{3}\ \text{cm} \div 2 \approx 6.93\ \text{cm}^2.$$

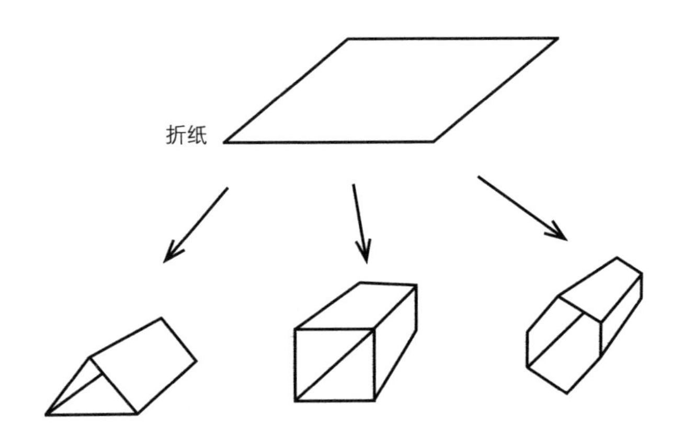

图 1–3　横截面分别为三角形、四边形和六边形的纸筒

接下来，计算四边形纸筒的横截面积。在周长一定的情况下，所有四边形中，面积最大的是正方形。如果周长为 12 cm，那么边长就是 3 cm，正方形面积的计算公式为“边长 × 边长”，周长为 12 cm 的正方形的面积为：

$$3\ \text{cm} \times 3\ \text{cm}=9\ \text{cm}^2.$$

由此可见，在周长一定的情况下，正方形的面积比等边三角形的面积大。

最后，计算六边形纸筒的横截面积。在周长一定的情况下，所有六边形中，面积最大的是正六边形。如果周长为 12 cm，那么边长就是 2 cm，正六边形面积的计算公式为"$\frac{3\sqrt{3}}{2}$ × 边长 × 边长"，周长为 12 cm 的正六边形的面积为：

$$\frac{3\sqrt{3}}{2}\times 2\,\text{cm}\times 2\,\text{cm}\approx 10.39\,\text{cm}^2.$$

显然，在周长一定的情况下，上述三种形状中面积最大的是正六边形。假设现有一个面积为 1 cm^2 的正六边形，那么在周长相等的情况下，四边形的面积约为 0.87 cm^2（即 9 ÷ 10.39），三角形的面积约为 0.67 cm^2（即 6.93 ÷ 10.39），可见三种图形的面积相差很大。因此，在蜂蜡一定的情况下，将蜂巢筑造成六边形可以使横截面的面积达到最大。

工业产品中的六边形结构

我们知道，六边形的房屋抗撞击能力强，非常结实，最典型的例子之一就是蜜蜂的蜂巢。巢壁非常单薄，却能承载几千克的蜂蜜。所以，蜂巢的六边形结构也被称为"**蜂窝状结构**"。这种结构的产品质量轻、强度高，因而这种结构经常被用在飞机机翼、汽车车身及火车车门的设计中。

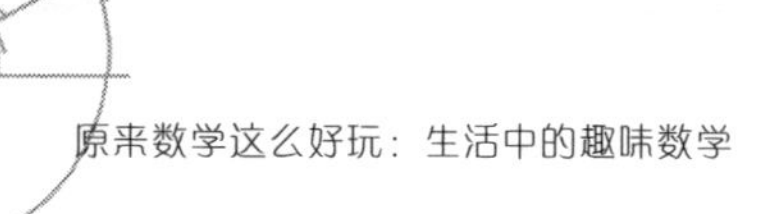

蜂窝状结构的产品轻而结实的背后，是六边形的秘密。例如，为了让金属框架尽可能轻巧，在保证强度不降低的前提下，我们可以适当在框架上开孔。开孔可以减少金属的自重，为框架减负，而框架的强度主要由剩余（未开孔）部分来决定。但是，如果人们一味追求产品质量轻而大量开孔，势必会造成金属框架的强度不够。因此，保证产品强度是一个必要的前提，我们要在这个前提下尽可能地多开孔才能制成又轻又牢固的框架。

换个角度来思考，**在用于支撑的金属量一定的条件下，使开孔的面积最大化，不仅可以保证产品的牢固度，还能尽可能减少质量**。那么问题来了，开什么形状的孔最能满足上述需求呢？

读者可能十分熟悉这个问题，这和周长一定（材料为蜂蜡）的条件下，筑造面积尽可能大的蜂巢的问题如出一辙。不同的是，这次我们不是要筑造尽可能大的房间，而是要在金属表面开尽可能大的孔，但二者在数学上是一个原理。显然，我们要的是六边形的孔。所以，人们在制作强度高且质量轻的产品的时候，会用到蜂巢的六边形原理，也就是“蜂窝状结构”原理。将蜂巢的形状应用于最尖端的材料学当中，你是不是觉得十分不可思议？

1.2 贝壳上的花纹是怎样形成的？

蝾螺、蛤仔、鲍鱼……生活在海洋中的贝类种类非常丰富。不同的贝类，壳的外形也有所不同。例如，海螺中的蝾螺，壳是陀螺形的；双壳类中的蛤仔，壳看起来像钱包；鲍鱼只有一片壳。即使种类相同，壳的外形也不尽相同。

可能有读者会好奇，形状各异的贝壳，其形成方式也是各不相同的吧？其实不然，无论是哪种贝类，壳的形成原理都是相同的。**贝壳上的花纹都属于等角螺线**。等角螺线有一个明显的特性，就是**以螺旋中心为顶点的射线与螺旋线相交时，形成的角度通常是相同的，**如图 1–4 所示。

对比等角螺线与贝类身上的花纹（如图 1–5 所示），会发现二者的形状十分相似。

为什么贝类身上的花纹形状是等角螺线呢？这与贝壳的形成过程有关。贝类将自己分泌的钙质作为贝壳的原材料，一点一点地将贝壳做大，最终形成与自己身体大小相近的

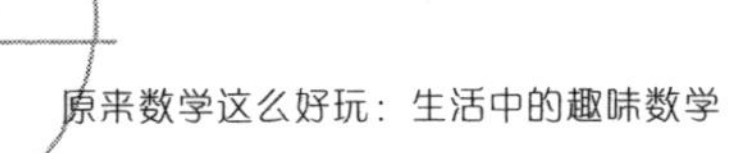

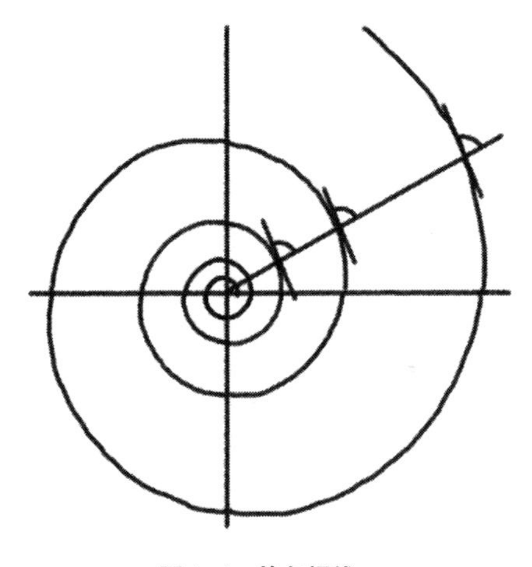

图 1–4　等角螺线

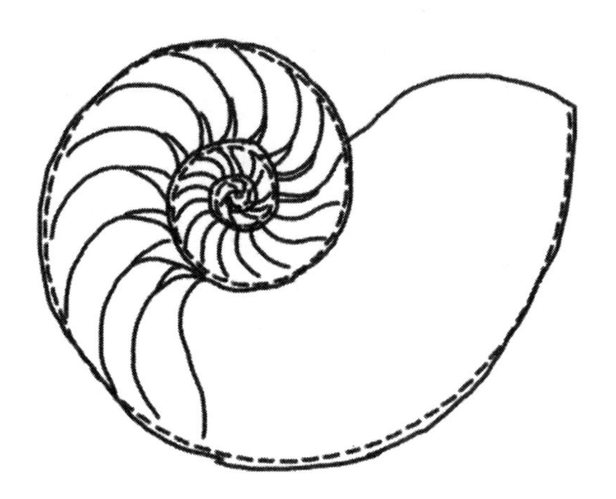

图 1–5　贝类身上的花纹

贝壳。

贝类的制造壳方法可以说是非常经济且合理的。试想，如果它们每次在身体长大时，都必须扔掉旧壳，重新做一个壳，那么宝贵的营养物质——钙，岂不是白白浪费了吗？而在改造旧壳的基础上完成新壳，就不会造成丝毫浪费。

前面说过，等角螺线的特性是即使螺旋变大，其角度也不会变化。我们将这种**形状变大时性质保持不变的图形称为“相似形”**。基于相似形原理制成的贝壳，是最适合贝类居住的。如果螺旋的角度不时地放大或缩小，那么贝壳内部也会变得或宽敞或狭窄。这样的话，贝壳内壁会变得凹凸不平，贝类住起来也是很不舒服的。

双壳类身上的花纹也是等角螺线吗？

乍一听等角螺线这个名字，会让人以为只有螺类身上才有等角螺线。其实不然，**类似蛤仔、鲍鱼这种有二片或一片贝壳的贝类，其身上的花纹也都是等角螺线**。只不过这些贝类身上的等角螺线的螺旋角度很大，无法形成明显的弯曲，所以看起来不像等角螺线。如果对比大角度的等角螺线与蛤蜊身上的花纹，我们就会发现二者是吻合的，如图 1-6 所示。

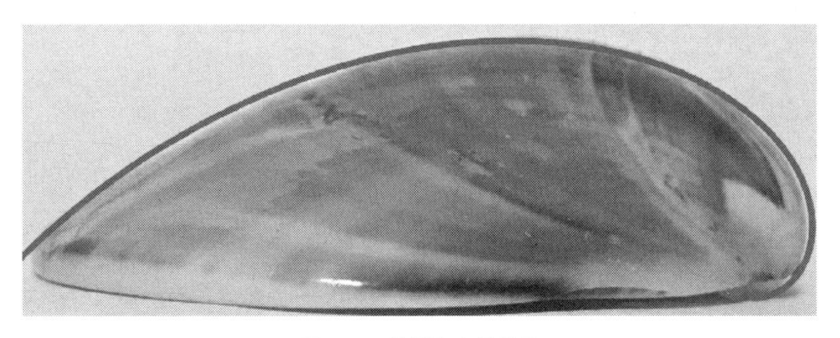

图 1–6　蛤蜊身上的花纹

由于双壳类壳上的等角螺线的螺旋角度太大，无法形成闭合空间，它们只好用两片壳来更好地保护自己。而类似鲍鱼这种只有一片壳的贝类，一般都会将无壳的那一面紧紧地附着在岩石上，以躲避其他生物的攻击。

中生代时期曾经有过一类菊石，它的壳呈现出不规则的扭曲——据说当时日本的近海区域就有，其化石及复原图如图 1–7（a）和图 1–7（b）所示。

据说发现这类菊石化石之初，人们并没有将其视为新物种，而只当成普通菊石的变异。后来，人们又发现了好多这样的化石，并且发现相同的种类都有相同的形状，至于形状为什么如此怪异，直到现在也没有定论。但从某种意义上讲，这多半是为了适应环境才逐渐进化成这样的。

虽然这类菊石与目前常见的螺类形态完全不同，但是其身上的花纹也属于等角螺线。一般的螺类在利用分泌物制造

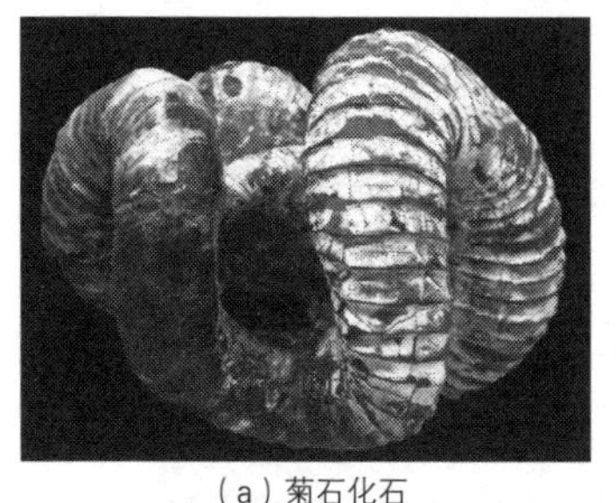

（a）菊石化石

（b）菊石复原图

图 1-7 日本菊石米拉比利斯的化石及其复原图

［化石照片由产业技术综合研究所地质调查综合中心（GSJF9094）提供；复原图由川崎悟司绘制］

新壳时，会沿着现有壳的水平方向进行，而根据这类菊石身上花纹的特点推测，它是沿着现有壳的垂直方向缓慢造壳的。因此，它们的壳渐渐变得立体起来。这类菊石的壳一边像常见的螺壳一样沿着水平方向按等角螺线扩展，一边又在垂直方向上周期性地不断卷曲，于是才有了它特殊的外形。

如今，即使不到海边，也能在网上买到各种美丽的贝壳。当我们看到赏心悦目、千差万别的贝壳时，不难发现，所有贝壳上的花纹都符合等角螺线的性质。看似毫无关联的事物之间，其实都有着美丽而简单的规律，这样的例子在自然界中还有很多。用一个简单的规律就能解释看似复杂的自然现象，正是探索科学的乐趣所在。

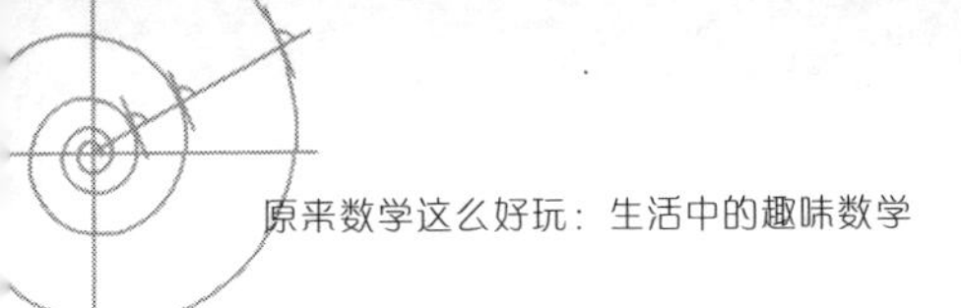

1.3 为什么斑马身上会布满条纹？

在广袤的大草原上，生活着各种各样的动物，这些动物有着各不相同的外表。例如，斑马身上布满了纯白与纯黑相间的条纹（如图 1–8 所示）。可是，大家有没有想过，斑马身上的条纹那么醒目，难道不怕引来大型捕食动物吗？因为根据常识，越是外表醒目的动物越是容易被天敌发现，这对它们的生存非常不利。事实上，斑马的身上为什么布满了条纹，

图 1–8　斑马身上黑白相间的条纹

到现在依然是未解之谜。民间流传着以下几种尚未得到证实的说法。

1. 幻术之说

据说一群斑马在奔跑时，它们身上纵横交错的条纹会迷乱天敌的双眼，让对方很难捕捉到它们。乍一看，这个说法让人无法理解：如果在草原上有一群斑马在奔跑，那不是特别抢眼的景象吗？

其实，不是每种生物都能准确地分辨各种颜色。由于人类对色彩的辨别能力非常高，所以我们才会觉得草原上奔跑的斑马十分抢眼，但**狮子等猫科动物对色彩的辨别能力非常弱，它们眼中的世界就像一部黑白电影**。绿色的草原、褐色的树干、彩色的花朵在狮子眼中都是黑白的。因此，如果成群的斑马在眼前奔跑，大量黑白条纹在无规则地乱舞，它们说不定真的会被迷惑。

但是这个说法并没有坚实的科学依据。草原上每天都有狮子冲向斑马群，捕杀这些可怜的猎物。如此看来，斑马身上的条纹未必对天敌起到了迷惑作用。

2. 体温调节之说

这种解释比幻术之说稍复杂一些，它认为条纹对斑马的

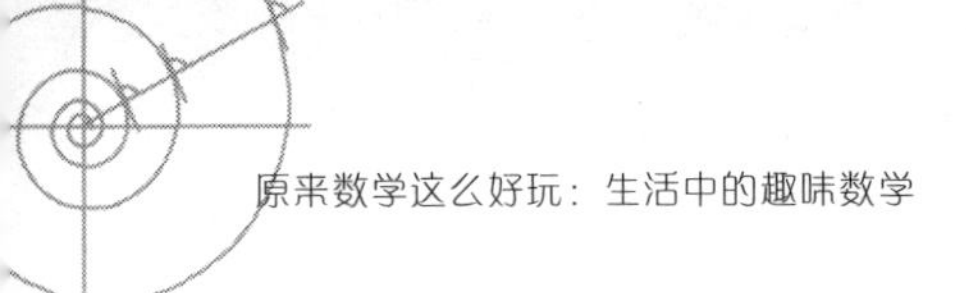

体温调节有一定的作用。众所周知，在众多颜色中，**黑色吸热能力最强，白色吸热能力最弱**。大家或许做过这样的实验：用放大镜聚集太阳光来点燃一张纸。如果是一张黑色的纸，很快就会燃烧起来；如果是一张白色的纸，就没那么容易燃烧。

同理，当太阳光照射在斑马身上时，黑色部分的温度会稍高一些，而白色部分的温度会稍低一些。这样就在斑马身体表面产生了温度差，温度差会引起空气的对流，进而起到平衡体温的作用。斑马身上的条纹听上去很像一台电风扇。

虽然这个说法很有趣，但是有人认为黑色部分与白色部分的温度相差不会太大，因此不会产生明显的空气对流。所以这个说法还需要进一步验证。

3. 社会功能之说

社会功能之说认为，斑马身上的条纹主要是为了让自己看起来与众不同，便于和其他种类的动物进行区分。动物的皮肤和毛发与生俱来，不会随意改变，所以斑马从出生开始就长着满身的黑白条纹，使其他斑马能以最快的速度找到自己的同伴。斑马是一种食草动物，对它们来说，共同防御食肉动物的袭击是非常重要的。离开同伴、独自活动的斑马是很容易遭到袭击的。

但是，这个说法有很大的疑点。草原上的食草动物除了斑马，还有瞪羚、角马等，它们的外观都不起眼，但是仍然很好地过着群居生活。如果社会功能之说成立，为什么其他食草动物没有进化成类似斑马一样，有着醒目外观的动物呢？

总之，斑马身上为什么布满条纹至今不得而知。或许在不久的将来，某位读者可以解开这个谜题。

尽管这是个谜，但我们还是要问一下斑马身上美丽的条纹是怎样形成的？在讨论这个问题之前，先给大家讲一个与条纹有关的故事。马和斑马的血缘非常近，我们将马和斑马杂交，生出有斑纹的小马。与斑马相比，这些小马身上的条纹的间隔要窄一些，并且色泽也不如斑马那样醒目。我们知道，马的身上是没有条纹的，杂交小马身上的条纹不如斑马那样黑白分明可以理解，但是为什么它们身上条纹的间隔比斑马的窄呢？

条纹的形成原理

这样的条纹其实隐藏着细胞学的相关知识。我们曾经在实验室中做过这样的实验：观察身上布满条纹的斑马鱼的生长过程及外观变化。斑马鱼小的时候，身上并没有非常清晰

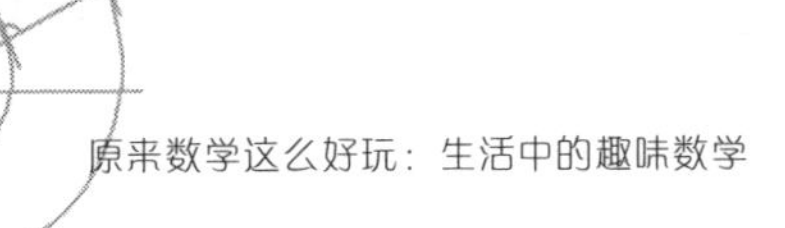

的条纹，但是随着不断的成长，它们的身上会逐渐出现条纹或水珠状花纹。

我们可以买一些有黄色和黑色条纹的小斑马鱼，并在显微镜下观察它们成长过程中皮肤的变化。小时候，这些斑马鱼的皮肤表层杂乱地分布着黄色和黑色的细胞。随着时间的推移，这些细胞逐渐分化，组成了一个个只有黄色或只有黑色细胞的独立区域。在这个过程中还可以发现，黄色细胞群中原有的少量黑色细胞会逐渐消失，这意味着黑色细胞逐渐走向死亡。也就是说，**进入到黄色细胞群中的黑色细胞被黄色细胞杀死了**。

既然黄色细胞会杀死黑色细胞，那么对于斑马鱼来说，是不是没有黄色细胞更好呢？答案是否定的。我们用激光将所有黄色细胞杀死，原以为剩下的黑色细胞会无限地增长，没想到有近三成的黑色细胞很快死亡了。由此可以推断，黄色细胞中含有促进黑色细胞成长的元素。

黄色细胞在杀死位于其附近的黑色细胞的同时，也在帮助远离它的黑色细胞成长。如果用父母与子女的关系来比喻，会更容易理解这个现象：当父母与子女不住在一起时会互相惦记、互相照顾，住在一起时又会彼此嫌弃。当然，这不是一个特别恰当的比喻，因为父母是不会杀害自己的子女的。

那么，黄色细胞与黑色细胞的数量是如何实现平衡的呢？

答案是：黄色细胞多的区域，其周围的黑色细胞会被杀死；而在远离黄色细胞的区域中，黑色细胞存活的可能性会增高。于是，含有大量黄色细胞的区域会逐渐变为纯黄色条纹，而这些区域的周围则是黑色细胞的聚集区，黑色条纹就这样慢慢形成了。

靠近被杀，远离得助

黄色细胞有两种作用：一是杀死附近的黑色细胞的**抑制作用**，二是帮助远离的黑色细胞生长的**促进作用**。**条纹的间距取决于促进作用与抑制作用之间的距离之比**。比值越大，则黑色细胞群形成的位置越远，条纹间隔也就越大。如果比值是 1，那么黄色细胞对黑色细胞的抑制作用和促进作用会相互抵消，导致无法形成条纹。

对于斑马来说，促进与抑制的距离比为 10 ∶ 1，而马与斑马杂交生出的小马的条纹间隔之所以会变小，是因为马的这个比值几乎是 1（没有条纹），大大降低了小马对应的比值。

最先提出这种图案产生方式的是英国天才数学家阿兰 · 图灵。他用数学方法研究后发现，当两种细胞通过近距离和远距离作用而相互影响时，可以形成波纹状或水珠状条纹，图

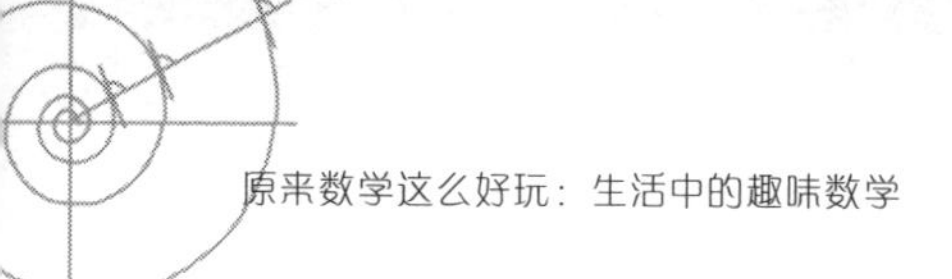

灵称之为“**反应扩散系统**”。

反应扩散系统不仅在斑马和斑马鱼身上有所体现，在其他动物身上也能找到它的影子，比如螺类的条纹和其他热带鱼的花纹。

不同动物皮肤表面的条纹竟然是基于同一原理形成的，真是不可思议！

1.4 雪花的形状为什么各不相同？

在寒冷的冬季，大家有仔细观察过从天而降的雪花吗？雪花虽然形状千变万化，各不相同，但基本形态都是六角形。为什么雪花都是六角形的？为什么没有五角形、七角形的雪花呢？

我们来了解一下为什么雪花的基本形态都是六角形。首先，雪是由水凝结而成的，而水又是由无数个水分子组成的。我们知道，水的化学式是“H_2O”，一个水分子是由一个氧原子（元素符号为O）和两个氢原子（元素符号为H）构成的，并且这两个氢原子分别位于氧原子的左下方和右下方，使水分子的整体结构看起来很像一个回旋镖，如图1–9（a）所示。

雪花是在高空形成的。当含有水蒸气的空气在上升过程中遇冷时，云中的微尘粒子可以作为晶核，让水分子在冷空气的作用下，围绕晶核一层又一层地凝结，最后形成雪花。水分子在结晶过程中，其“镖头”与“镖尾”在正负电荷之间的牵拉作用下（图中虚线部分），会逐渐形成六角形结构，如图 1–9（b）所示。这种作用形式被称为**氢键**。由于水分子具有能够形成六角形的性质，所以由水分子凝结成的雪花属于六方晶系 *。

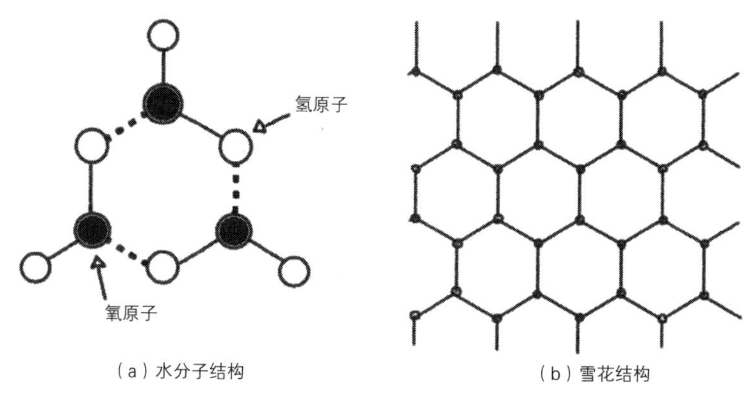

图 1–9　水分子及雪花结构

事实上，**除了雪花，冰也是由水分子构成的六方晶系**。但是为什么果汁中的冰块不是六方体而是四方体的呢？这是由于制作冰块的时候使用了四方体的模具。然而雪花不是人工制造的，也不是在模具中生成的。以空气中的尘埃为晶核凝结成的雪花，自然会成为六角形了。

* 六方晶系的形成原理非常复杂，涉及晶体表层的水分子稳定性，此处不做赘述。

决定晶体形状的因素

雪花在形成过程中，首先会形成六棱柱形的晶柱。之后这个晶柱会不断地凝结空气中的水分子，而凝结水分子的形式大致可以分为两种：**横向扩展**和**纵向延伸**，最终形成各种形状的晶体，如图 1-10 所示。

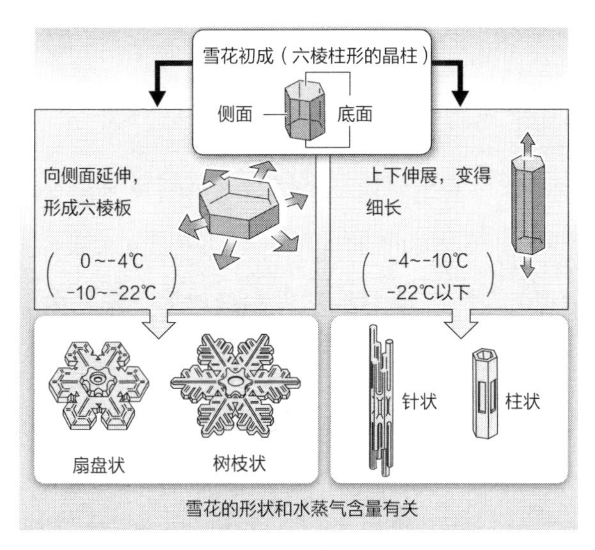

图 1-10　雪花的结晶过程

（根据《朝日新闻》2007 年 1 月 14 日早报《诺诺的 DO 科学：为什么雪花是六边形的？》中的图改编）

我们知道，**雪花的形状很大程度上取决于云层温度和水蒸气含量**。世界上第一位发现这个规律的科学家是**中谷宇吉郎**教授，他是一位日本科学家，曾获得博士学位，就职于北海道大学。1932 年，中谷宇吉郎在大学任教后，开始了对雪花的专项研究。他曾到过十胜岳山上的小屋，拍摄了 3000 多张雪花照片，之后按照形状对雪花进行了分类。现在国际上通用的结晶体分类标准就是建立在中谷宇吉郎教授当年的研究成果之上的。

中谷宇吉郎教授在拍摄雪花的过程中发现，**如果气象条件发生变化，那么雪花形状也会改变，**于是他致力于研究气象条件与雪花形状的关系。为此，他必须在实验室中人工制造雪花，而在当时，这还是无人能完成的挑战。

中谷教授想到可以将水蒸气注入玻璃试管中，让它冷却结晶。在零下 50 摄氏度的低温实验室中经过无数次实验，他终于在 1936 年 3 月 12 日成功地制造出第一片六角形的人工雪花。

之后，中谷宇吉郎教授在各种温度和水蒸气含量的条件下，进行了大量人工制造雪花的实验，终于发现了温度和水蒸气含量与雪花形状之间的关系，并制作了各种雪花形态图，如图 1–11 所示。这幅图被称为“中谷—小林图”。“小林”代表小林禎作教授，他是推动中谷宇吉郎教授进一步开展实验的人。大致来看，云层的水蒸气含量越高，雪花的形状就越复杂。

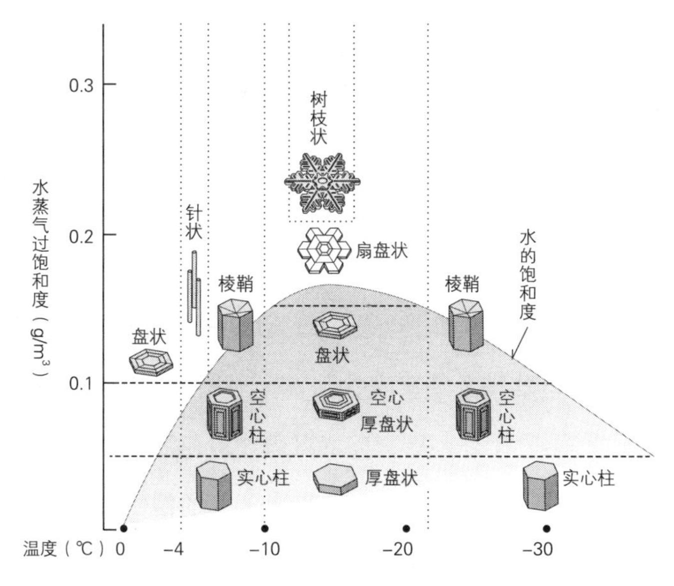

图 1-11　以中谷—小林图为基础绘制的温度、水蒸气含量与雪花形状的关系示意图

实际上，雪花的形状远比“中谷—小林图”中提到的多得多，据说有 100 种以上。不同于实验室中人工制造的雪花，自然界中的雪花是在云层中飘动的。雪花在形成过程中所经历的温度和湿度变化是非常复杂且频繁的，所以自然界中的雪花形状非常多。例如，如果雪花在形成初期处于零下 30 摄氏度、空气比较干燥的环境，那么它的结晶会纵向延伸，而雪花在漂浮过程中遇到零下 20 摄氏度、空气比较湿润的环境，结晶又会横向延展，最终形成的雪花呈鼓形。

雪花是从小的六棱柱开始慢慢变大的。所以，在一片雪

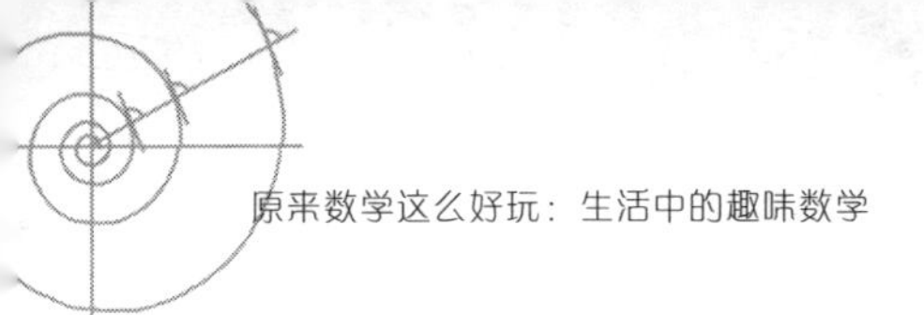

花中，中心附近的形态可以认为是受结晶初期云层环境影响的，而边缘的形态则是受结晶即将结束时的云层环境影响的。

来自天空的信使

既然环境影响雪花形状，那么**通过分析雪花形状，是否可以得知高空的气象状况呢？**其实，云层中的环境是湿润还是干燥，是温暖还是寒冷，都可以通过雪花形状得知。所以，中谷宇吉郎教授曾把雪花比作“**来自天空的信使**”，因为它给我们带来了高空的气象信息。

但是，为什么云层的温度和水蒸气含量会影响雪花形状呢？这个问题至今没有准确的答案。虽然科学家通过电脑分析，得知了雪花的部分组织与结构，但是还不够完整。世界各国的著名大学教授和科学家们还在夜以继日地研究这个问题，或许不久的将来会出现第二个中谷教授，为我们彻底解开这个谜题。

1.5 对草木形状的研究

自然界中有着太多奇特的形状，比如树枝、雪花、地图上看到的海岸线等。如果我们对照着世界地图用纸和笔认真地画海岸线，就会发现看得越仔细，越觉得复杂，无法完全准确地画出来。相反，大楼、道路这些人工建造物的形状就可以很轻松地被画出来，而且只会用到直线或弧线这种简单的线条。尤其是大楼，大多数只用直线就能被画出来。不难发现，在我们的生活中，**自然物体的形状十分复杂，而人造物体的形状则简单得多，**为什么会出现这样的现象呢？

有人认为，这是由于人类具有认知能力，更喜欢有规则的形状，而自然界没有认知能力，所以会产生大量复杂、无规则的形状。这一观点曾经得到过很多人的支持，然而事实真是如此吗？答案是否定的。法国数学家**伯努瓦·曼德尔布罗**发现，**自然界中看似复杂、无规则的形状中隐藏着大量数学规律。**

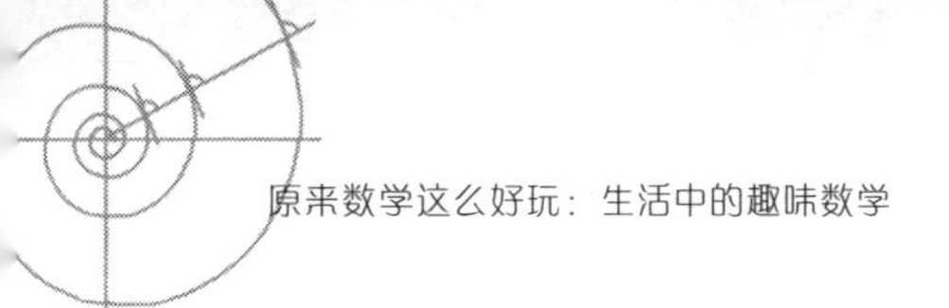

像雪花轮廓一样的科赫曲线

下面给大家介绍一种名为“**科赫曲线**”的图形。首先请大家在白纸上画一条线段，并将这条线段三等分，如图 1–12（a）所示；然后将位于中间的线段作为等边三角形的一条边，画出另两条边，并擦掉这条边，如图 1–12（b）所示；接着将这个图形中的每条边都进行三等分，重复上述操作，得到图 1–12（c）所示的图形；再次重复上述三步操作，即可得到如图 1–12（d）所示的科赫曲线。

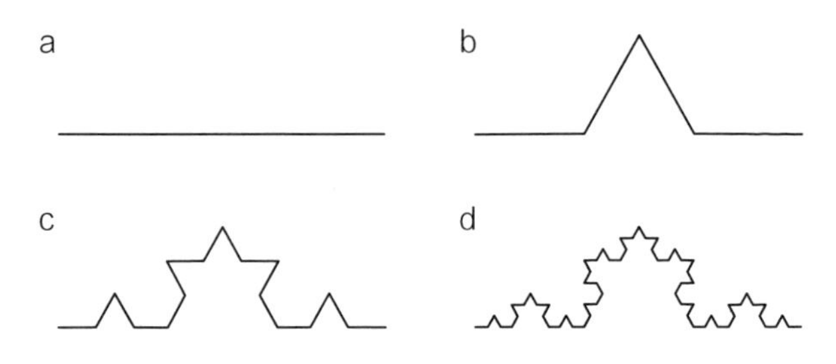

图 1–12　科赫曲线的绘制过程

大家继续重复以上操作，会得到较复杂的科赫曲线，如图 1–13 所示。

我们如果将一个等边三角形作为起点，用绘制科赫曲线的方法不停地画下去，就会得到形如雪花的图形。这个图形被称为“**科赫雪花**”，如图 1–14 所示。

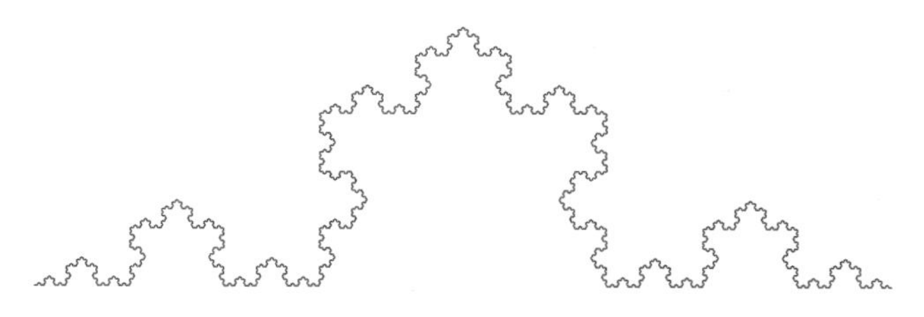

图 1-13　较复杂的科赫曲线

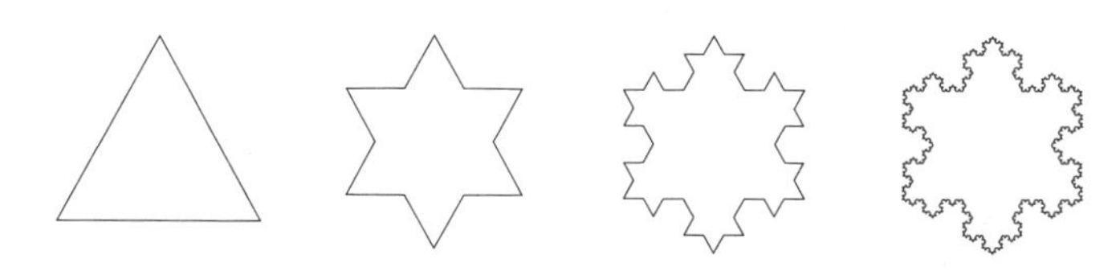

图 1-14　科赫雪花绘制过程

从科赫雪花的绘制过程可以看出，只需要经过简单、重复的操作，就能画出自然界中看似复杂的形状。或许自然界中复杂的形状都蕴含着某种重复的规律。

蕨类植物的叶片

接下来介绍一个稍难的例子。图 1-15（b）是一种蕨类植物的叶片照片，图 1-15（a）是遵循某种简单规则，用电脑绘制的叶片。它们是不是很像？

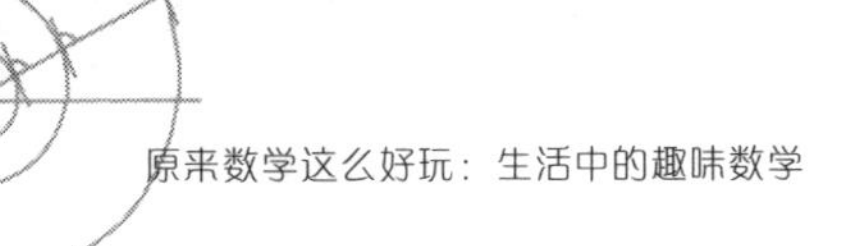

（a）电脑绘制的“巴恩斯利蕨叶”

（b）蕨类叶片的照片

图 1–15　电脑绘制的叶片及蕨类叶片的照片

（图片来源：123RF 网站）

事实上，左侧的图形是将某个简单图形不停地缩小、复制后组合而成的，如图 1–16 所示。

具体过程如下：

1. 画出第一片基础叶。
2. 将四边形①内的叶缩小后复制粘贴到四边形②内。
3. 将四边形①内的叶缩小后复制粘贴到四边形③内。
4. 将四边形①内的叶缩小后复制粘贴到四边形④内。

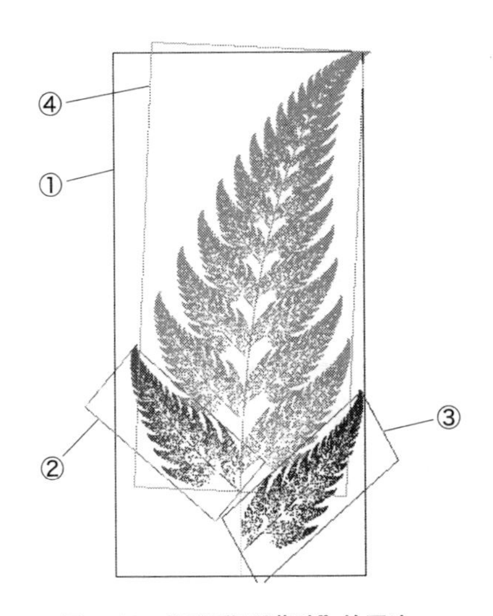

图 1–16 “巴恩斯利蕨叶”的画法

（作者：António Miguel de Campos；来源：Wikimedia Commons）

人们仅通过简单重复的操作，就可以绘出以假乱真的复杂蕨类叶片。令人称奇的是，电脑中并没有安装绘制蕨类叶片的软件。上述用电脑绘制的蕨类叶片，就是有名的“**巴恩斯利蕨叶**”，因被收录于英国著名数学家迈克尔·巴恩斯利的《无处不在的分形》一书而广为人知。

科赫曲线与巴恩斯利蕨叶的相同之处在于，**图形中的一个部分与整体完全一样**。例如，将科赫曲线中的一个部分放大之后与整体进行比较，完全看不出有差别。类似这种在一个图形中，部分与整体相似的现象被称为“**自相似**”，具有“自相似”特征的图形被称为“**分形**”。自然界中具有分形

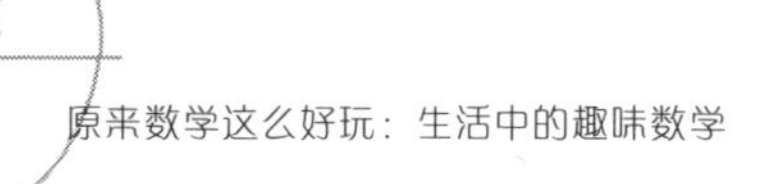

结构的事物有很多。其中最有名的就是宝塔花菜（花菜的一种），如图 1–17 所示。宝塔花菜有着非常美丽的外形，堪称一件艺术品，然而它只是一种蔬菜。宝塔花菜的外观具有典型的自相似图形的分形特征。

图 1–17　宝塔花菜照片

隐藏在树枝中的规则

提起自然界中自相似的图形，就不得不说树枝。我们如果将树枝放在白纸上并拍摄一张照片（放在白纸上拍照是为了使背景简单，利于观察），再将照片中的某部分枝丫放大，然后与整个树枝进行对比就会发现，很难区分出哪张是枝丫的照片，哪张是整个树枝的照片。事实上，树枝具有分形结

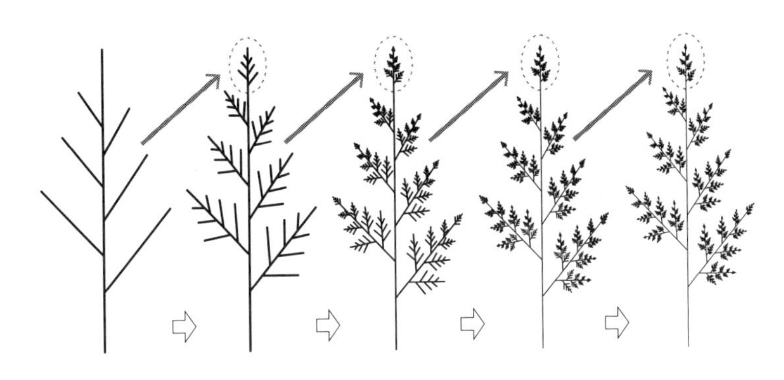

图 1-18 树枝的绘制过程

构的特点。

我们可以用图 1-18 所示的方式，经过多次复制、粘贴，一步步画出来树枝。首先，我们画一个最简单的起始枝丫（图左一），然后将这一枝丫缩小，复制、粘贴到起始枝丫的每一个分支上。不断重复以上操作，就能画出看似长着树叶的树枝图形。

我们如果把起始图形换成“Y”型的，就可以得到如图 1-19 所示的图形，看起来很像一棵冬日叶子落尽后的枯树。

除了上面提到的例子外，自然界中还有许多具有分形结构的图形。可见大自然中那些看似不规则的图形里，其实隐藏着数学规律。

分形结构一度在计算机领域备受瞩目。大型游戏中的山峦、峡谷等景观都是通过绘图的方式呈现的，玩家可在其中

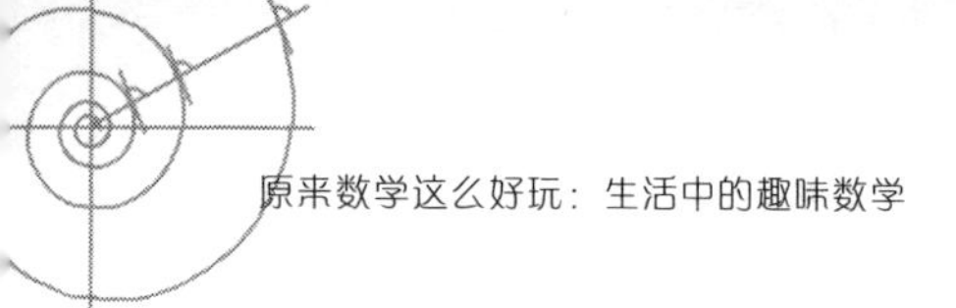

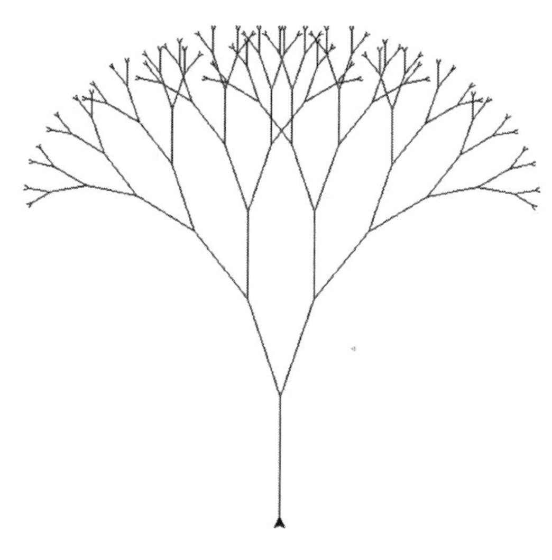

图 1–19　分形树

游历或战斗。为了使画面更加逼真，景观当中起伏的地形与地面上的植物也需要被画出来。要让计算机画出各种不规则的图形，再现各种自然景观无疑是一个难题。但是如果考虑使用分形构建的方式，人们就能通过简单的复制、粘贴来完成这一工作，画出与自然界中的地形和植物高度相似的图形，这大大减少了计算机绘图的成本。

然而，随着计算机性能的飞速提升，目前分形结构的利用率已经不是很高了。但是，自然形态的分形结构在艺术等领域中，仍然吸引着很多人用数学思维进行艺术创作。

1.6 四次元的概念

提起四次元，你可能会觉得难以理解。虽然很多人通过漫画和科幻小说知道了这一概念，比如《哆啦 A 梦》中的四次元口袋，但大多数人并不明白四次元的真正含义。

“次元”这个词会给人一种专业且复杂的印象，其实这个词本身的意思并不难理解，它表示的是**“有几个运动方向”**。

我们生存的世界属于“三次元”世界，因为可以运动的方向只有“左右”“前后”和“上下”三组。当然，我们也可以向右前方运动，这时可以理解为向右和向前运动的组合。爬楼梯这个动作就可以理解为向前和向上运动的组合。如此看来，在我们生活的三次元世界中，物体的所有运动方向都可以看作“左右”“前后”“上下”这三种方向的组合。

如果物体的运动方向只有一个，那就属于“一次元”。一次元世界是一条直线，所有物体都只能在这条直线上运动。依此类推，在“二次元世界”中，物体的运动没有“上下”，

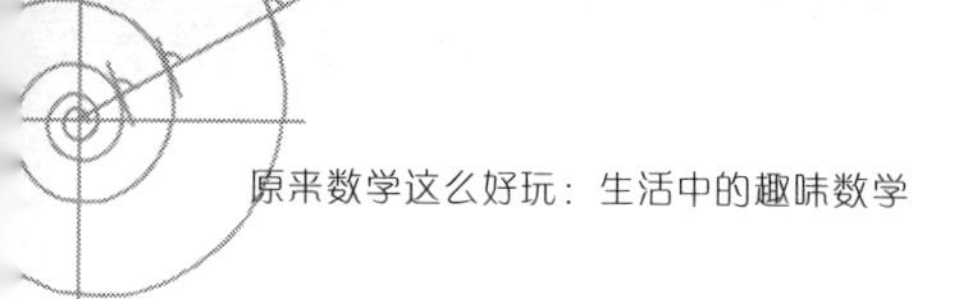

只有“左右”和“前后”两组运动方向，可以将二次元世界想象为一张纸上的世界。如果每个物体只能停在当前所处的位置，不能向任何方向运动，这样的世界叫什么呢？答案是“零次元世界”。我们可以在概念上这样定义它。

三次元以外的方向

根据前面对次元的定义，**四次元世界就是有四组运动方向的世界**。也就是说，**除了“左右”“前后”“上下”方向外，还有一组方向**。虽然我们不能确定四次元这个奇妙的世界是否真实存在，但在大学以上水平的数学课程中，都将四次元世界作为一个绝对存在的世界进行研究。不仅如此，五次元世界、六次元世界，甚至 n 次元（$n \geqslant 0$）世界都可能存在。这里的 n 是英文“数字”（number）一词的首字母，只要 n 取自然数，无论多大的数字都可以代入。数学上认为，即使是一万次元、无穷次元也是成立的。

次元这个概念的确比较复杂。不过，有一本关于次元的小说十分著名，内容简单易懂且十分有趣，推荐给大家。这就是 19 世纪的埃德温 · A. 艾勃特写的《平面国》（*Flatland*），书中大致内容是：在二次元的平面王国中，住着三角形、四边形、五边形等居民，他们所处的阶层是由他们的形状决定的。四边形的阶层高于三角形，五边形的阶层高于四边形，角的数量越多代表他的社会阶层越高。而所有居民中，阶层最高的是圆形，因为一个图形的角越多，其形状就越接近圆形，可以把圆形理解为拥有无穷个角的图形。

有一天，小说中的主人公四边形遇到了来自三次元世界（空间王国）中的球。四边形不知道他是异世界的来访者，将他当成本世界中的最高阶层圆形了。无论球怎么讲述三次元世界中发生的事情，四边形都无法理解。尽管球对四边形解释说："在三次元世界中，除了前后、左右两组方向外，还有上下这组方向。"但是四边形还是会问："什么是'上'，什么是'下'？如果真有这组方向，那么你就给我一一指出来！"这时球真的被难住了，无言以对。因为即使球能够指出上、下两个方向，生活在二次元世界中的四边形也是不能理解的。

如同二次元世界中的居民不能理解三次元世界，生活在三次元世界的我们也无法想象四次元世界的样子。那么，人类真的对四次元世界一筹莫展、乖乖认输了吗？事实上，数学家们已经解决了很多关于四次元世界中的形的问题。

对四次元世界中的形的研究

究竟该如何来理解四次元世界中的形呢？我们目前能想象到的次元世界有零次元（点）世界、一次元（直线）世界、二次元（平面）世界和三次元（立体）世界。如果能弄清楚这几个次元世界中的形的性质，或许能从中获得一些启发。

我们首先看一下三次元世界中的立方体，如图 1–20 所示。立方体有 8 个顶点、12 条边和 6 个面。

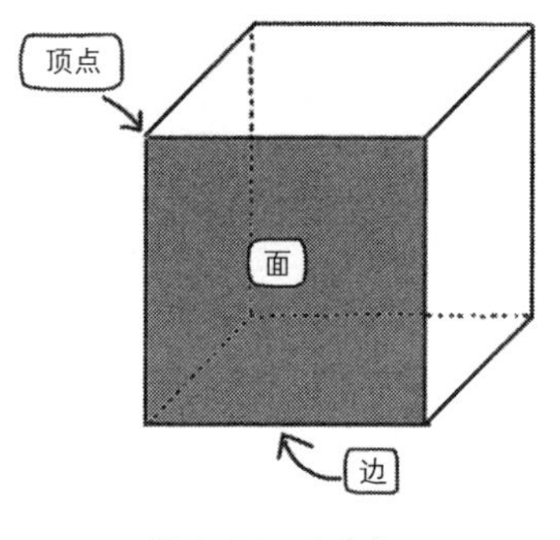

图 1–20　立方体

然后我们看一下二次元的图形，也就是与立方体对应的正方形，如图 1–21 所示。正方形有 4 个顶点、4 条边和 1 个面。

图 1-21　正方形

接下来我们看一下一次元的图形，也就是线段，如图1-22 所示。线段的左右两端各有一个顶点，共 2 个顶点、1 条边，没有面。

图 1-22　线段

最后我们来看一下零次元的图形，也就是一个点，它本身就是一个顶点，没有边和面。

我们将上述结论进行汇总，如表 1-1 所示。

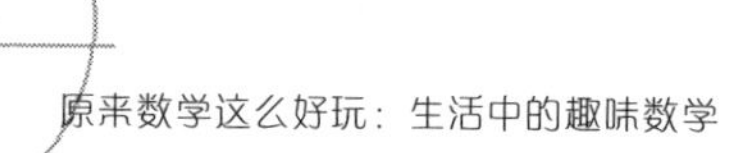

表 1–1　各次元图形的顶点、边、面的数量

次元	图形	顶点数	边数	面数
零次元	点	1	—	—
一次元	线段	2	1	—
二次元	正方形	4	4	1
三次元	立方体	8	12	6

仔细观察表 1–1 中的数据，是不是可以看出某些规律？例如，对于顶点数来说，随着次元数量的增长，**对应图形的顶点数依次为 1、2、4、8。也就是每加一个次元，对应图形的顶点数是上个次元对应图形顶点数的 2 倍**。如果我们将立方体拓展到四次元世界中，把形成的图形命名为“**超正方体**”，那么这个超正方体的顶点数就应该是 8×2=16 个。

加图形、升次元

为什么不同次元相对应的图形的顶点数会呈现 2 倍关系呢？我们做一个从点到线段、从线段到正方形、从正方形到立方体的游戏就能理解了，如图 1–23 所示。如果要让点变为线段，就必须将它水平移动到一个新的位置上得到一个新点，再用线将二者连接起来。

如果要让线段变为正方形，就必须将线段纵向移动到一个新的位置，再用线将二者对应位置的顶点连接起来。同理，如果要让正方形变为立方体，就必须将正方形垂直向上（与纸面垂直的方向）移动到一个新的位置，再用线将二者对应位置的顶点连接起来。

综上所述，**要得到下个次元的图形，可以将原图形在一个新的方向上移动，再把二者对应位置的顶点用线连接**。所以，顶点数是原图形的顶点数加上移动后的图形的顶点数，也就是原图形顶点数的 2 倍。

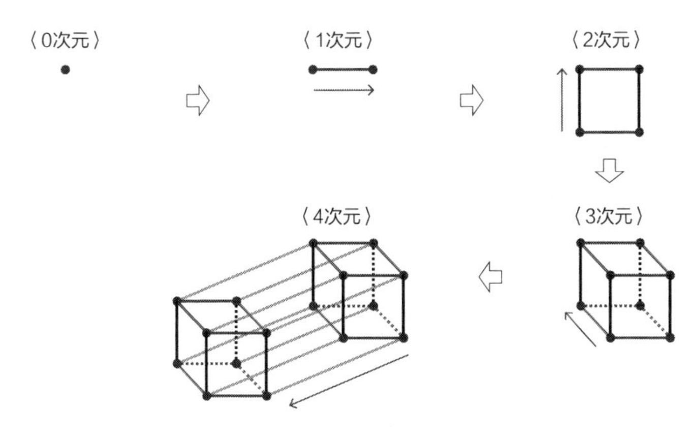

图 1.22 加图形、升次元的过程

（第四个方向无法在纸上呈现，在此表示为斜下方向）

类似地，新图形的边数应该是原图形边数的 2 倍再加上原图形的顶点数。首先，将原图形移动到新的位置后，相当于复制了之前的图形，所以边数变为原图形的 2 倍；其次，

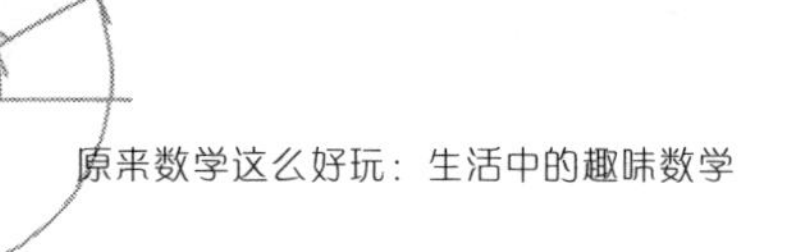

原图形与移动后的图形对应位置的顶点是以线相连的，所以连接的线条数与原图形的顶点数一致。

对于面，也可以做同样的推理。复制了原图形，面的数量自然为原图形的2倍，再加上新增的面是由顶点与顶点连线得到的，所以原图形的边数就等于新增的面数。也就是说，新图形的面数是原图形面数的2倍加上原图形的边数。

综上所述，图形的顶点、边、面的数量可用以下公式计算：

1. 顶点数 = 上一个次元对应图形的顶点数 ×2。

2. 边数 = 上一个次元对应图形的边数 ×2+ 上一个次元对应图形的顶点数。

3. 面数 = 上一个次元对应图形的面数 ×2+ 上一个次元对应图形的边数。

在表1–1中加入四次元对应图形的顶点、边、面的数量后，可以得到表1–2所示的结果。

表 1–2　加上四次元图形后，各次元图形顶点、边、面的数量

次元	名称	顶点数	边数	面数
零次元	点	1	—	—
一次元	直线	2	1	—
二次元	正方形	4	4	1
三次元	立方体	8	12	6
四次元	超正方体	16	32	24

从表 1–2 中可以看出，四次元世界中的超正方体顶点数为 16，边数为 32，面数为 24。虽然我们无法在脑海中构造出超正方体的样子，但是通过对零次元到三次元世界中的图形的分析，还是得到了四次元世界中的图形的性质。**这种由已知条件推导出一般规律的方法在数学上被称为“归纳”**。

如果想知道五次元和六次元世界中图形的性质，也可以根据上述规律算出对应图形的顶点数、边数和面数。可见，一旦发现了规律，很多问题都迎刃而解了。

我们虽然已经知道了四次元世界中图形的顶点数、边数和面数，但仍然无法想象这类图形的样子，接下来我们就具体介绍一下四次元世界中的图形。如同《平面国》的主人公四边形把球误认为圆，生活在三次元世界中的我们也无法直观地看到四次元世界中的图形。但我们知道，**四次元世界中的图形，其横截面一定是三次元的**，所以我们至少可以看看

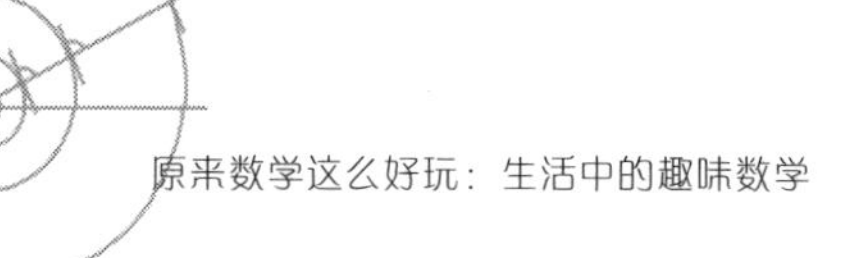

它的横截面的样子。**只需要想象一下光线照射在四次元超正方体上形成的投影就可以了**，它的横截面如图 1–24 所示。

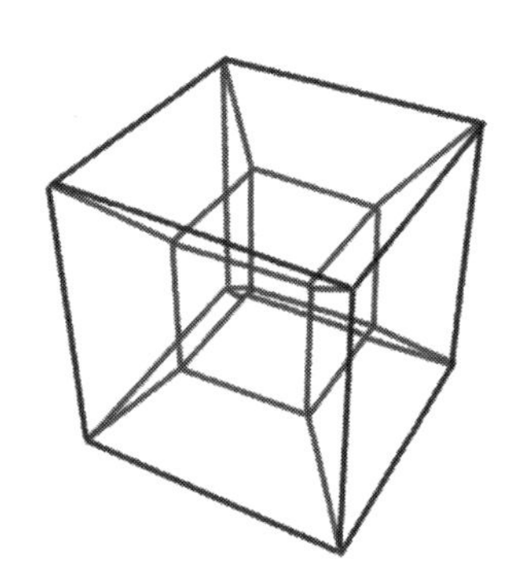

图 1–24　四次元超正方体的横截面

这个图形很像在一个大立方体中嵌入一个小立方体。为什么会形成这样的图形呢？我们可以试着将三次元世界的图形作为参考，进行类比。想象一下，先用一根笔直的铁丝围成一个立方体，然后在这个立方体的下面铺一张白纸，用一束灯光从立方体的正上方往下照，白纸上会出现什么样的投影呢？答案是：出现的投影是一个中间有一个小正方形的大正方形，并且立方体靠近灯光那个面的投影是大正方形，远离灯光那个面的投影是小正方形，如图 1–25 所示。

既然立方体的投影是中间有一个小正方形的大正方形，那么超正方体的投影就应该是一个中间有一个小立方体的大立方体，事实也的确如此。

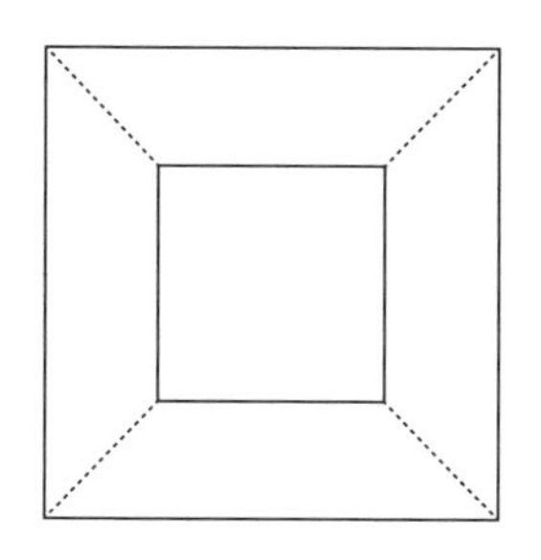

图 1-25　立方体的投影

和立方体同理，让我们思考一下，当灯光从四次元超正方体的“上方”照射下来时，在纸上形成的投影的样子。这里的“上方”是指四次元世界中的上方。我们将看到的是三次元的投影，并且靠近灯光的一侧是大立方体，远离灯光的一侧是小立方体，也就是图 1-24 所示的样子。

从本节讲到的两个示例来看，只要在思考问题的时候带着逻辑思维，哪怕是超现实世界，我们也能对其进行一定程度的探索。自然科学之所以能解答宇宙诞生、生命起源这些无法想象的谜题，都是因为借助了理论的力量。

第2章

数

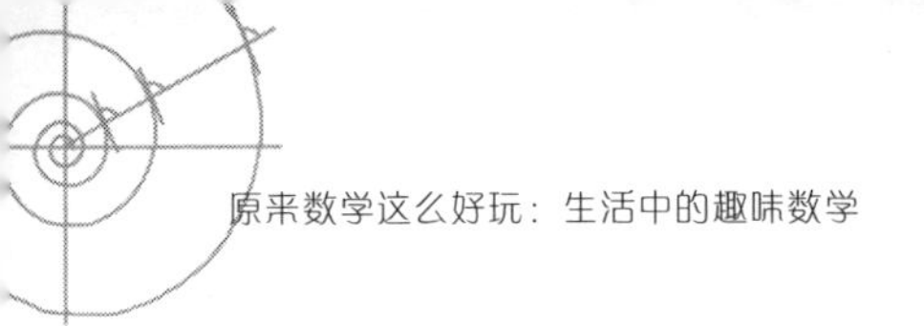

人类从很早以前就开始借助数来理解这个世界。

各种各样的数，支撑着人类文明的发展，其中包括 0 和 1 这种生活中常用的数、无法用分数来表示的数以及自乘之后为负数的数，等等。

科学家们一直用数学语言表达着自然界中的定律。

当我们扔出某个物体的时候，物体是沿着可以用二次方程式表达的抛物线飞出去的。

流淌的河水，遵循着斯托克斯定律。

太阳周围的时空，完全符合爱因斯坦方程式的计算结果——是弯曲的。手机发出的电磁波，正如麦克斯韦方程式预示的那样可以飞速传送到基站。

在最尖端的物理学领域中，人们甚至企图用算式来描述宇宙的诞生和灭亡。

为什么所有的事物都可以用数来描述，并可以用算式加以说明?

这个世界上，尚无一人能回答这个问题。

唯一可以确定的是，毕达哥拉斯的直觉是正确的。

那就是“万物皆数”。

本章，让我们一起来探究神秘而伟大的数吧!

2.1 花瓣的数量中隐藏着规律

你相信花瓣与台阶之间有着某种关联吗？其实，这两种看上去完全不相干的事物，都遵循着一个同样的数学定律。

首先，我们来思考一个问题：在你的面前共有 5 个台阶，你要走上去，可以选择一步 1 个台阶，也可以选择一步 2 个台阶，那么一共有多少种方法可以走上这 5 个台阶呢？这个问题相当有名，时不时会出现在各类大型考试当中。

在回答这个问题的时候，不要立刻去考虑第 5 个台阶，应该从第 1 个台阶入手。走上第 1 个台阶的方法显然只有 1 种，而走上第 2 个台阶的方法有 2 种，分别为一步上 1 个台阶和一步上 2 个台阶。因此，如果要走上第 3 个台阶，就有 3 种走法，即走上第 1 个台阶的方法数（1 种）+ 走上第 2 个台阶的方法数（2 种）=3 种。

将上述结论进行推广，就能得到以下推论：

走上第 0 个台阶的方法数 =1 种（无须行动，按 1 种算）；

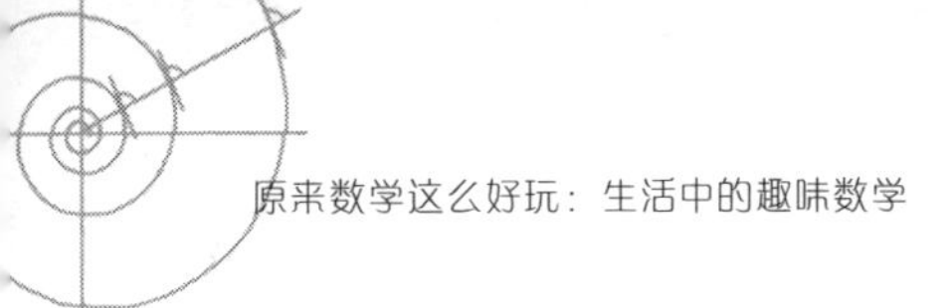

走上第 1 个台阶的方法数 =1 种；

走上第 2 个台阶的方法数 =1+1=2 种；

走上第 3 个台阶的方法数 =1+2=3 种；

走上第 4 个台阶的方法数 =2+3=5 种；

走上第 5 个台阶的方法数 =3+5=8 种。

不难发现，走上某个台阶的方法数等于走上它前面两个台阶的方法数之和，这就使看似复杂的计算过程一下子变简单了。走上第 6 个台阶的方法共有 5+8=13 种。

如果单把方法数罗列出来就可以看出，从第三个数开始，**每个数都等于其前面两个数的和**，因此能得到以下数列：

1，1，2，3，5，8，13，21，34，55，89，…

这就是著名的“**斐波纳奇数列**”。斐波纳奇数列在意大利数学家斐波纳奇的《计算之书》一书出版后，变得广为人知。但发现这个数列的并非斐波纳奇本人。当时，斐波纳奇数列在阿拉伯国家已被发现，只不过还没有传入西方国家而已。

斐波纳奇的父亲威廉是个商人，他经常带着儿子往来于世界各地。有一段时间，因为威廉工作的关系，斐波纳奇居住在阿尔及利亚的贝贾亚省。在那里，斐波纳奇得到了学习最先进的阿拉伯数学的机会。他发现，阿拉伯数学比欧洲数学更为先进。于是，他遍访地中海沿岸的数学家，从他们那里学习了阿拉伯数学体系，并将学到的内容写在了《计算之书》中。在这本书中，自然也包含了斐波纳奇数列的知识。如此看来，究竟谁第一个发现了斐波纳奇数列始终是一个谜，而斐波纳奇数列的得名只是因为斐波纳奇将它推广了出去。

自然界中的斐波纳奇数列

斐波纳奇数列在自然界中随处可见。例如，通常来说樱花的花瓣是5片，大波斯菊的花瓣是8片，如图2–1所示。**各种花瓣的数量总是3片、5片、8片、13片……这些都是斐波纳奇数列中的数字。**

（a）樱花（5片）

（b）大波斯菊（8片）

图2–1　樱花及大波斯菊的照片

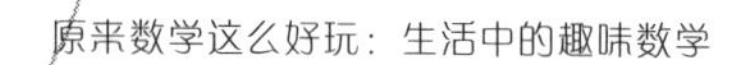

另外，使用斐波纳奇数列画出来的图形也具有不可思议的特性。其中最具代表性的就是**斐波纳奇螺旋线**，也称“黄金螺旋”。首先我们以斐波纳奇数列中的数为边长，以螺旋状的方式逐一画正方形，即各正方形的边长依次为：1、1、2、3、5、8、13、21……接下来我们将所有正方形的对角用弧线连接起来，就画出了斐波纳奇螺旋线，如图 2–2 所示。

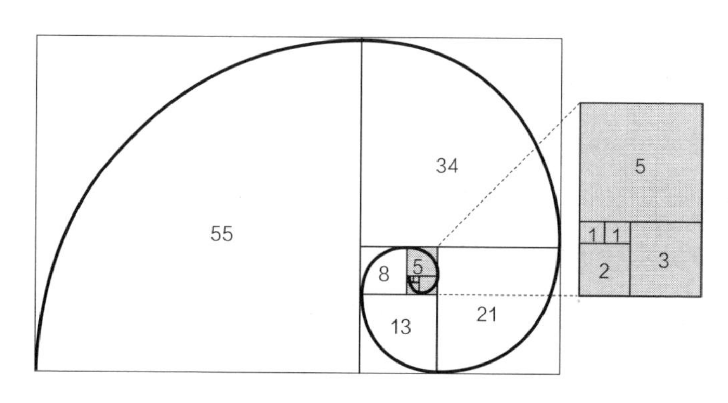

图 2–2 斐波纳奇螺旋线

如此画出的斐波纳奇螺旋线与我们在自然界中看到的很多图形极其相似，如沙漠中的多肉植物长大时的样子、松果鳞片的排列方式（如图 2–3 所示）、向日葵种子的镶嵌方式、鹦鹉螺的贝壳纹理等。自然界中，遵循着斐波纳奇数列的现象非常多。

我们知道，斐波纳奇螺旋线是在以斐波纳奇数为边长的正方形拼接而成的矩形中画出来的，因此这个矩形也称“**黄金矩形**”。它的长和宽就是斐波纳奇数列中相邻的两个数，如

（a）松果照片

（b）多叶芦荟照片

图 2-3　松果及多叶芦荟照片

（图片来源：MyLoupe、DEA/RANDOM）

89 和 55。如果将其中的正方形无限扩大，那么对应的黄金矩形也会无限扩大。假如我们画出一个超级大的黄金矩形并远眺它，一定会看到一个非常迷人的图形。因为这个矩形的长宽比约为 1∶1.618，也就是最能给人美感的“黄金比例”。

黄金比例是可以使用斐波纳奇数列得到的，关于这个结论的证明有一定的难度，在此不做赘述。总之，我们能看到相邻两个斐波纳奇数的商会越来越接近黄金比，下面我们来看一下具体的数字：

2 ÷ 1=2；3 ÷ 2=1.5；5 ÷ 3≈1.667；8 ÷ 5=1.6；

13 ÷ 8=1.625；21 ÷ 13≈1.615；34 ÷ 21≈1.619；

55 ÷ 34≈1.618；……

可以看出，越往下两个数字的商就越接近 1.618。因为黄金矩形的长和宽是相邻的两个斐波纳奇数，所以长与宽的数

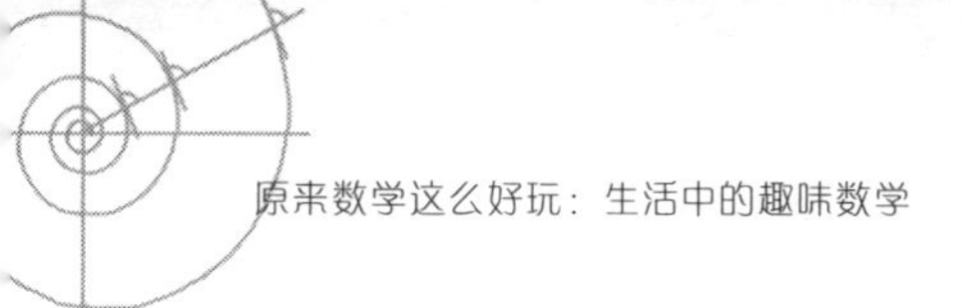

值越大，对应的矩形也越大，其长宽比越接近 1∶1.618。

黄金比例具有非常强的艺术性、和谐性，蕴藏着丰富的美学价值，这一比值能够带给人们强烈的美感，被视为建筑和艺术领域最理想的比例。无论是古埃及金字塔和希腊帕特农神庙，还是现代社会中的 Twitter 和百事可乐的商标，都有黄金比例的影子。看着美到无可比拟的鹦鹉螺壳，我在想，也许正是因为自然界中的很多事物都遵循黄金比例和斐波纳奇数列，我们的世界才显得格外美丽。

植物叶序中隐藏的规律

下面我们来看一个稍难的问题，那就是**植物的叶序中也存在着斐波纳奇数列**。植物的叶片是围绕着茎，沿着顺时针或逆时针方向排列的，所以，当俯瞰植物的时候，总会在某一圈中看到重叠的叶片。我们在对叶片的排列方式进行分类的时候，往往将叶片重叠发生在第几圈作为分类基准。

我们将**叶片在茎上的排列方式称为“叶序”**。最常见的叶序是互生叶序，即在茎的每个节上只有一片叶子，并且众叶片交互而生。如果任选一片叶子作为起点，按照向上的方向，将各叶片的着生点用线连接，就会得到一条螺旋线。这条螺旋线拥有盘旋而上的趋势，终点为与起点叶片重叠的那个叶片的着生点，这条螺旋线的绕茎周数被称为叶序周。

不同种类的植物其叶序周可能不同，中间包含的叶片数也可能不同。例如，榆树的叶序周为 1，每周有 2 片叶；桑树的叶序周为 1，每周有 3 片叶；桃树的叶序周为 2，每周有 5 片叶；梨树的叶序周为 3，每周有 8 片叶；杏树的叶序周为 5，每周有 13 片叶；松树的叶序周为 8，每周有 21 片叶……如果以上述各种植物的叶序周为分子，以每周包含的叶片数为分母，可以得到这样的数列：1/2，1/3，2/5，3/8，5/13，8/21，…，不难发现，数列中各数的分子和分母都是斐波纳奇数。准确地说，它们是基于斐波纳奇数列，按照“兴柏—布朗定律”排列的。但是，无论叶片在茎上的排列方式如何，相邻两节的叶片都是互不重叠的，各叶片在与阳光垂直的平面上呈镶嵌状排列，这种现象被称为“**叶镶嵌**”。**叶镶嵌可以使所有叶片都最大限度地接受光照，进行光合作用。**

除了上述现象外，斐波纳奇数列在我们的日常生活中可谓无处不在，大家不妨仔细寻找一下身边隐藏的斐波纳奇数列。

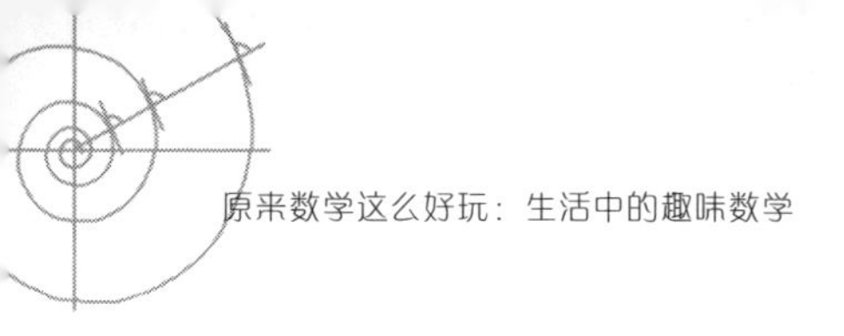

2.2 数是否与文明一同进步？

在人类社会的发展进程中，诞生了许多数。其中包括广为人知的数和只有在高等数学中才能见到的数。那么大家对数究竟了解多少呢？接下来，让我们通过回顾数的历史，来了解一下人类的发展史。

最古老的数中有：

1，2，3，4，5，…

这些都是自然数，主要用来计量事物的件数。这些数自远古时期就开始被人类使用，是最能让我们自然而然地联想到的数，所以被称为“**自然数**”。

如果数的用途只是统计事物的数量，那么光自然数就足够了。但是，随着人类文明的发展，方方面面都需要使用数来表示。例如，A 从 B 那里借了一些钱，应该用什么数来表示呢？对于这种赤字的情况，我们只需在数前面加上负号“–”，就能很好地表示。事实上，在7世纪左右的印度，为了表示欠款，人们已经开始使用负数了。公元前1世纪左右，中国的古书中就出现了负数。下面我们将负数和正数进行排序，具体如下：

…，–3，–2，–1，□，1，2，3，…

上述数列是否有不全的地方？为什么中间会有一个“□”，是某个数字被去掉了吗？答案是：“0”。

随着人口数量的剧增，社会逐渐有了管理大规模业务和人口数据的需求，处理“大数”的机会也多了起来。在处理位数众多的大数时，往往会出现“没有数字”的空位，所以如何表示这些空位成了问题。在古巴比伦，通常用空格来表示空位。例如，用“1 2”来表示“102”。但是，空格的使用方式和大小因人而异，所以很容易造成麻烦。以“1 2”为例，如果让那些习惯将空格留得小一点的人来做记录，就很容易与“12”相混淆。

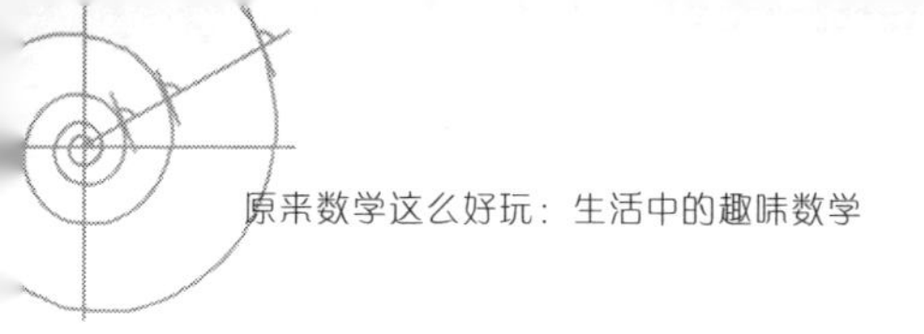

数字“0”的出现

在无数次发生错误、查找错误、修改错误的过程中，各地文明也在进一步发展，于是出现了大量表示空位的符号，“0”这个数字就是在这时出现的。古巴比伦用刻在石板上的斜体楔形文字表示0；玛雅文明用贝壳的图形来表示0；印加帝国则用绳结来表示0。但是，这个时期的0并没有被当成数字，也就是说它不能与其他数字一同进行加减乘除运算，**只是一个表示“这里是空位”的符号**。

据说，世界上最早将0作为数字的是古印度数学家。公元7世纪左右，古印度数学家婆罗摩笈多认为0就是一个数字，是可以与其他数进行加减乘除运算的。这样，在将0确定为数字后，不光正数和负数，就连“无的状态”（零状态）也可以用数字来表示了。这一革命性的发明，在很长一段时间后才由印度传向了全世界。

但是欧洲各国似乎一直很难接受“0”这个数字。直到现在，钟表表面上书写的仍然是罗马数字“Ⅰ，Ⅱ，Ⅲ，Ⅳ，Ⅴ，…”，而在罗马数字中，是不存在与0对应的数字的。总而言之，在早期的欧洲人的世界观中貌似没有0的存在。之所以这么说，是因为古希腊哲学家亚里士多德一直否认“无”这个状态的存在，他的这一思想与中世纪欧洲基督教教义相吻合，即认为“神奇的数是由上帝创造的，而上帝创造的数中根本没有‘0’”，用“0”来表示“无”这个状态，是在玷污“神圣的上帝”。

到了现代，世界各国都承认了0的存在。我们上面提到的所有数，统称为“整数”，而整数又分为正整数、负整数和0，如图2–4所示。

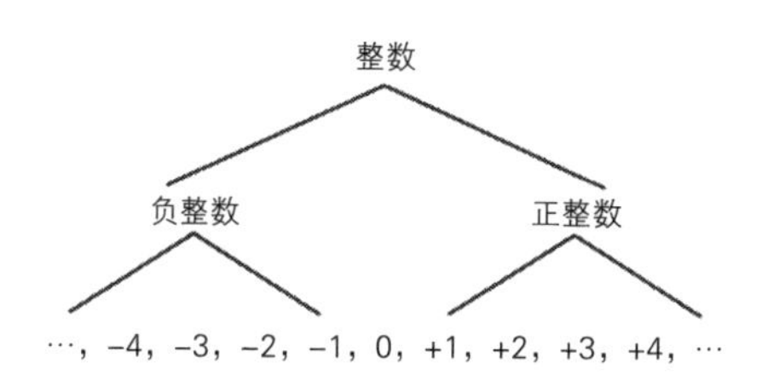

图2–4　整数的构成

在表示事物个数和金钱面额的时候，无论是何种状态，都可以用整数来表示。但是，这样仍然不能满足社会发展的需求。例如，重量怎么表示呢？如果物体很轻，势必需要用比1更小的数来表示。这个时候能用到的，自然是分数与小数。古巴比伦人就是依据六十进制来使用小数的；在中国、印度等亚洲国家的文献中，很早就有使用小数的记载；欧洲在很长一段时间内都只使用分数，直到17世纪才开始使用小数。

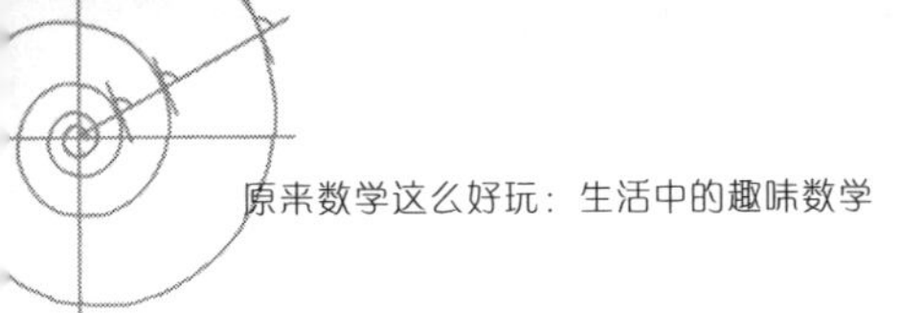

至此，1，2，3，…这些整数之间有了小数和分数，变得连续了起来，它们统称为“实数”，如图 2–5 所示。

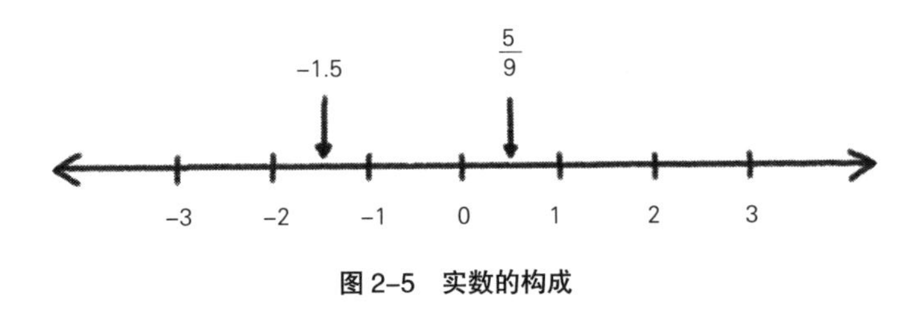

图 2–5　实数的构成

然而，实数中有一些数只能用小数表示，而不能用分数表示。我们将**实数中能用分数表示的数称为“有理数”，不能用分数表示的数称为“无理数”**。例如，圆周率“π”就被证明是一个不能用分数来表示的无理数。除此之外，2 的平方根“$\sqrt{2}$”、3 的平方根“$\sqrt{3}$”、自然常数“e”等都是无理数。无理数的概念我们将在下一节中详细说明。

奇怪的虚数“i”

数字的世界一步步地扩展下去，实在令人称奇。接下来，我们要讲一讲古灵精怪的数字“i”。我们知道，“正正得正，负负得正”，任意实数自乘后的结果都不可能是负数。但是，**两个 i 相乘后的结果等于 –1**！用数学符号来表示就是“$i=\sqrt{-1}$”。“$\sqrt{\ }$”**表示开平方**，如“$\sqrt{2}\times\sqrt{2}=2$”“$\sqrt{5}\times\sqrt{5}=5$”。

$$i\times i=-1\Leftrightarrow i=\sqrt{-1}.$$

提出这个不可思议的数——i 的是 16 世纪的欧洲人。它的发现要归功于意大利数学家**卡尔达诺**。卡尔达诺在 1545 年出版的《大术》一书中，发表了一元三次方程“$ax^3+bx^2+cx+d=0$”的求解公式。

卡尔达诺在求解这个一元三次方程的过程中发现，无论如何都会出现一个自乘后结果为 –1 的数，也就是$\sqrt{-1}$。因此他才不得不承认$\sqrt{-1}$的存在，并将它写为“$i=\sqrt{-1}$”。其中，i 表示“想象中的数字”，是“imaginary number”的第一个词的首字母，引申义为“这是一个并非真实存在，却不得不引入的数”。后来，人们就将 i 定义为“**虚数单位**”了，而“虚”这个汉字本身就含有“实际上不存在”的意思。

这样的解释是不是很容易理解？接下来我们看一个具体的示例。这个示例是 16 世纪的数学家邦贝利在他的著作中提到过的。首先，我们来求下面这个一元三次方程的解：

$$x^3-15x-4=0.$$

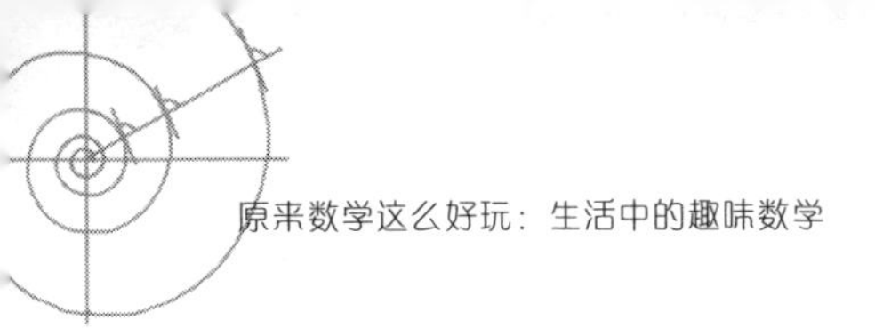

这个方程的一个解为 $x=4$，将 $x=4$ 代入，得到：

$$4^3-15\times4-4=64-60-4=0.$$

很明显，这个答案是正确的。

第六感强的人可能一眼就能看出 $x=4$ 这个答案。但是，仅凭直觉求一元三次方程的解并不是一件好事。例如，这个方程除了 $x=4$ 这个解外，还有 $x=-2+\sqrt{3}$ 和 $x=-2-\sqrt{3}$ 两个解，想用直觉将这三个解全都看出来，显然是不可能的。但是，我们如果使用卡尔达诺公式，就能轻松得到这个方程全部的解。我们首先用卡尔达诺公式来求第一个解，也就是 $x=4$。根据卡尔达诺公式：

$$x^3-\square x-\diamond=0\ (\square\text{和}\diamond\text{代表任意实数}),$$

其中一个解为：

$$x=\sqrt[3]{\diamond/2+\sqrt{(\diamond/2)^2-(\square/3)^3}}+\sqrt[3]{\diamond/2-\sqrt{(\diamond/2)^2-(\square/3)^3}}.$$

其中，$\sqrt[3]{☆}$ 表示自乘 3 次后为☆的数，也就是将☆开三次方的意思。例如，2 自乘 3 次后等于 8，8 开三次方后等于 2，即$\sqrt[3]{8}=2$。

上例中的□ =15 和◇ =4 代入方程后得到：

$$x=\sqrt[3]{2+\sqrt{-121}}+\sqrt[3]{2-\sqrt{-121}}.$$

上式中出现了“$\sqrt{-121}$”，将$\sqrt{-121}$自乘后的结果为 -121。另外，因为“$\sqrt{-121}=\sqrt{-1}\times\sqrt{121}=\mathrm{i}\sqrt{121}$”，所以上式可以写为：

$$x=\sqrt[3]{2+\mathrm{i}\sqrt{121}}+\sqrt[3]{2-\mathrm{i}\sqrt{121}}.$$

如此一来，用公式求这个方程的解，势必出现虚数单位 i。是不是觉得有点难懂？别担心，随着计算过程的推进，不但方程式中的 $\mathrm{i}\sqrt{121}$ 会消失，还能得出 $x=4$ 的结果。只是在得出最终结果 $x=4$ 的过程中，无法避免含有 i 的计算。也就是说，**在一元三次方程的求解过程中，一定会出现虚数单位 i**。

其实，发现卡尔达诺公式的并非卡尔达诺本人，据说这个公式是意大利数学家尼科洛 · 塔尔塔利亚发现的。卡尔达诺在听说了塔尔塔利亚发现了一元三次方程的求解公式后，不停地纠缠塔尔塔利亚将这个公式告知自己。无可奈何的塔

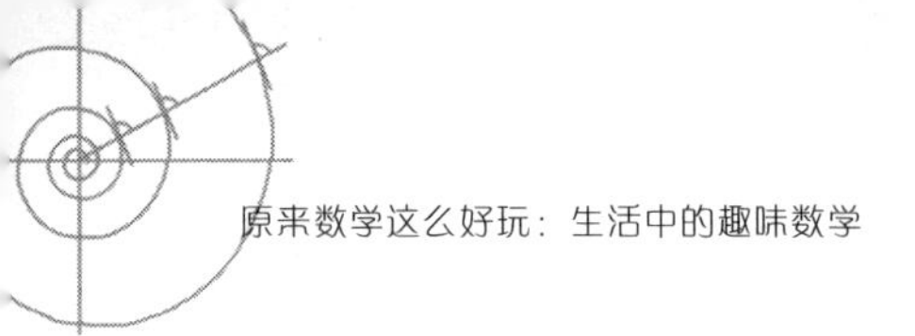

尔塔利亚在对方同意“绝对不外传”后，悄悄地将这个公式告诉了卡尔达诺，而卡尔达诺转身就把这个求解公式发表在了自己的著作中。虽然塔尔塔利亚非常愤怒，但已无济于事。所以直到现在，我们都将一元三次方程的求解公式称为“卡尔达诺公式”。

i 与其他普通的数一样，可以进行加法或乘法运算。准确地说，是我们必须将 i 定义为和普通数一样可以参与运算的数，否则一元三次方程就不能顺利求解，所以这一定义一直沿用至今。

在多倍 i 的前面加上一个实数，就能得到诸如“4+4i”的“○ + □ i”形式，我们称这种形式的数为“复数”。复数可以用平面上的点来表示。在坐标系中，横轴表示实数部分，纵轴表示虚数部分。也就是说，复数是可以用坐标系来表示的值，而且不仅要有表示实数部分的直线，还要有表示虚数部分的直线，否则复数就无法表示出来，如图 2-6 所示。

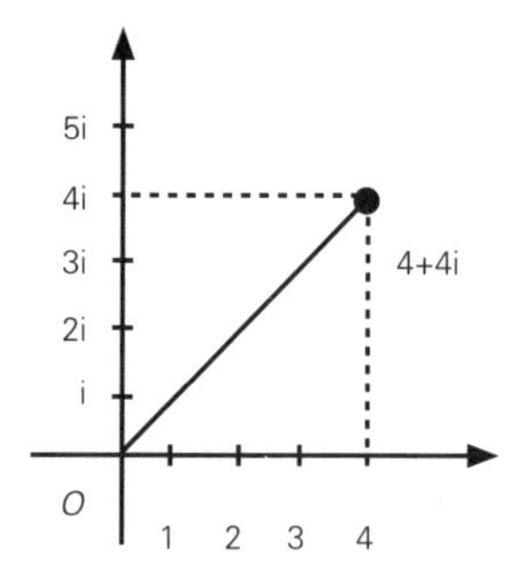

图 2-6　4+4i 的表示方法

起初，很多数学家都不认同复数的存在，纷纷质疑："怎么可能有这么奇怪的数！"后来，他们了解了复数在数学和物理领域中发挥的重要作用后，便慢慢地接受了。

复数空间的物质波

量子力学是现代物理学基础，它认为**物质波是以复数的形式表现的**。物质具有波的性质，是通过一个叫"**双缝实验**"的实验得以证实的，如图 2-7 所示。该实验中用到了构成物质的基本粒子之一——电子。首先，准备一个开了两条细缝的挡板，然后向这块板发射电子。发射的电子会通过缝隙射到位于板后方的玻璃屏上，被电子射到的部分会变成白色。在多次发射电子后，不可思议的事情发生了，被电子射中的部分和没被电子射中的部分在玻璃屏上形成一系列明、暗交

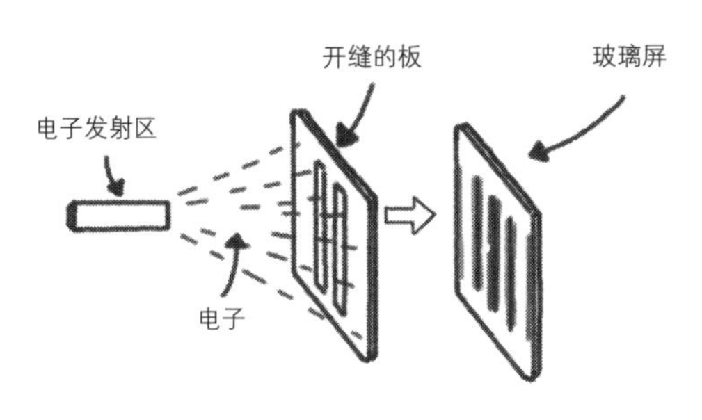

图 2-7　双缝实验装置

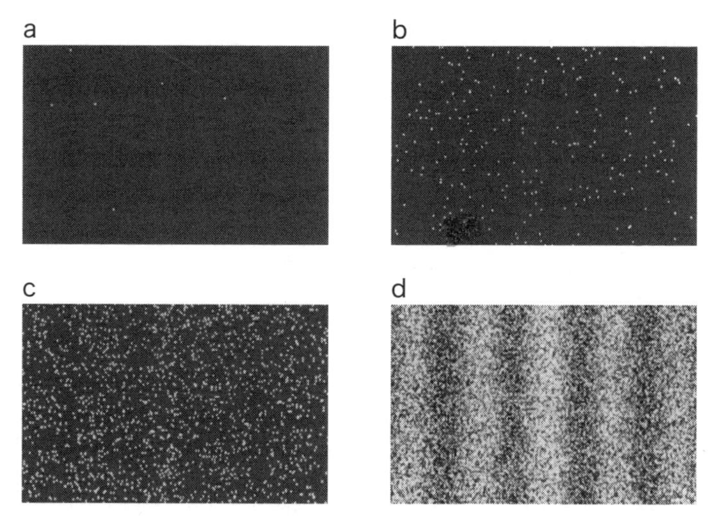

图 2–8　双缝干涉条纹

（图片来源：日立制作所）

替的条纹，这就是非常著名的双缝干涉条纹，如图 2–8 所示（a、b、c、d 表示时间的先后顺序）。双缝干涉条纹是由物质（电子）波从两条缝隙射出后，经过互相干涉形成的。科学研究非常重视实验，如果实验结果明确显示了物质具有波的性质，那么就算在脑海中很难想象，也要承认物质波的存在。

那么，为什么用复数来表示波呢？其实这是为了解释自然现象而构造的理论。如果可以认定物质波是复数结构的，就可以正确地预测许多实验结果，并且手机通信、微波炉的使用过程中涉及的电磁场的性质，也能用数学的方式加以说明。这方面的知识非常专业，在此不做赘述。值得一提的是，当物质波是复数结构的时候，就具有数学上的**“U（1）对称性”**。

如果用数学的方式进行计算，我们就会发现U（1）对称性会产生电磁场。提起电磁场的概念，很多人会觉得有些难。其实手机、广播在通信过程中使用的电波就是电磁场的一种，可见电磁场在文明社会拥有举足轻重的地位。如果物质波不是复数结构，那么电磁场就不存在了，我们也就无法使用手机、广播了。

虽然我们很难想象复数结构的波是什么样子的，但如果思考后的结果与实验结果一致，就可以认定物质波是复数结构的。复数是一个很抽象的概念，但它在日常生活中十分常见。各种类型数的关系如图2–9所示。

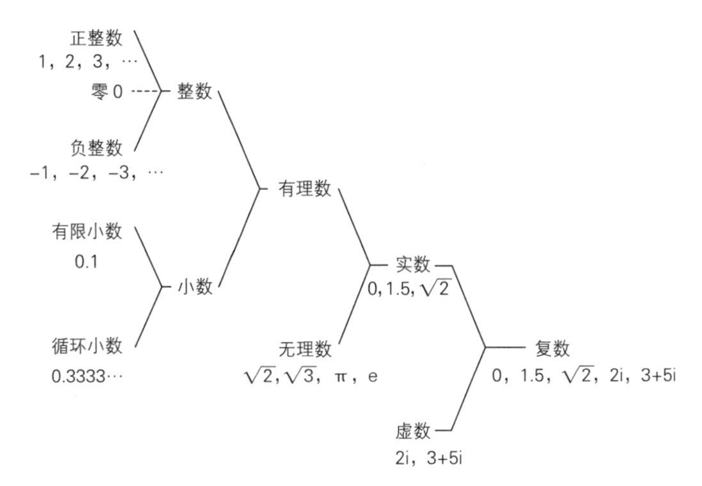

图2–9　各种类型数的关系

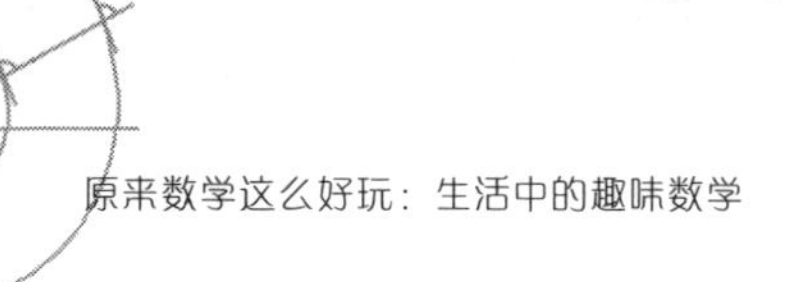

近年来，人们对于复数的研究不断深入，四元数、八元数等理论体系逐渐被提了出来。但是这些十分复杂的数是不可能用直线或平面来表示的，我们将这些数统称为“超复数”。通常只有专攻数学的人士才会接触到这些数。

人类就是这样冥思苦想，一步步地拓展了数的世界的。今后数的世界会继续拓展下去吗？还是到此为止了？大家是如何看待这个问题的呢？

2.3 无理数的概念

分数与小数的关系如同亲戚，同一个数有时可以同时有这两种表示方式。例如，0.5 可以写为$\frac{1}{2}$；0.333…可以写为$\frac{1}{3}$。但不知大家是否留意过，并不是所有小数都能用分数表示。

我们来看看 0.17839271 这个小数，它仍然可以使用分数来表示，即$\frac{17839271}{100000000}$。由此看来，只要小数位有限，小数就都可以用分数来表示。但是，当小数点之后有无限个数字时，就会出现不能用分数来表示的情况。其实，**一个小数能否用分数表示，取决于这个小数的小数点之后是否出现了循环数列**，例如：

$$\frac{1}{7}=0.\underline{142857}\ \underline{142857}\ \underline{142857}\cdots$$

其中，“142857”这个数列在不停地重复。

但是，小数点之后不会出现循环数列的小数也是存在的。众所周知，圆的周长与直径的比值被称为“圆周率”。大家能说出圆周率小数点后面的几位数字呢？笔者用谐音记忆法可以背到小数点后的第40位，也就是：

$$\pi=3.1415926535897932384626433832795028841971\cdots$$

当背到圆周率小数点后第40位时，也没有发现循环数列。事实上，目前计算机得到的圆周率的数值已经到了数亿位、数十亿位，仍然没有发现循环数列。类似的数还有$\sqrt{2}$，如果将$\sqrt{2}$用小数表示，则为1.41421356…，无论写到小数点后多少位，都不会出现循环数列。类似这种**小数点后有无限位，且不存在循环数列的数就不能用分数来表示**，我们将这类数统称为“**无理数**”。

无理数为什么不能用分数表示

无理数为什么不能用分数表示？这是一个很难回答的问题，但这个结论是绝对正确的。我们来看一个例子：

14/10=1.4；

141/100=1.41；

1414/1000=1.414；

14142/10000=1.4142；

……

按照上述计算过程进行下去，商看似一直在不断地接近$\sqrt{2}$，会让人觉得它迟早会等于$\sqrt{2}$。为什么还断言$\sqrt{2}$不能用分数来表示呢?

我们假设$\sqrt{2}$可以用分数来表示，就会得到一个非常奇怪的结果。我们不妨一起来验证一下。假设$\sqrt{2}$可以用分数来表示，具体如下：

$$\sqrt{2}=\frac{\bigcirc}{\square}.$$

那么，○和□中一定至少有一个是奇数。因为如果这两个数都是偶数，用2进行约分，还会得到“其中至少有一个是奇数”的结果。所以这里一开始就将○和□设定为其中至少有一个是奇数。

然后，将等式左边乘以$\sqrt{2}$，等式右边乘以$\frac{\bigcirc}{\square}$，即相当于等式两边都变为原来的$\sqrt{2}$倍，等式依然成立，现在我们得到以下等式：

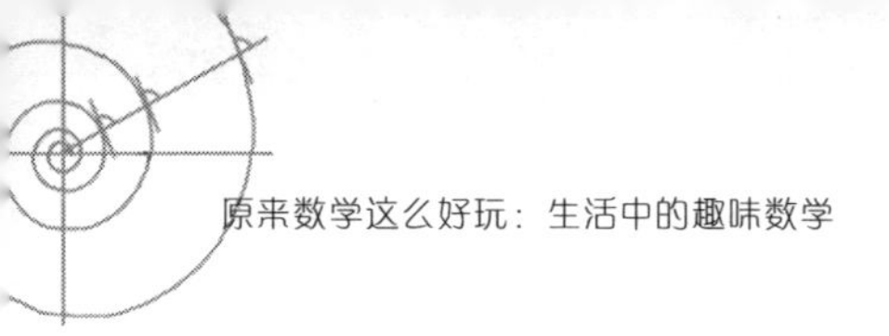

$$2=\frac{\bigcirc}{\square}\times\frac{\bigcirc}{\square}.$$

接下来，将等式两边分别乘以□ × □，得到以下等式：

$$2\times\square\times\square=\bigcirc\times\bigcirc.$$

现在我们仔细分析一下上述等式。等式左边存在一个 2 倍关系，所以等式右边的“○ × ○”按道理应该是一个偶数。又因为奇数乘以奇数得到的一定是奇数，所以可以肯定“○”一定是偶数。也就是说，如果用“△”来表示自然数，就会得到“○ =2 × △”的等式来。所以将

$$2\times\square\times\square=(2\times\triangle)\times(2\times\triangle)$$

这个等式两边都除以 2，即可得到：

$$\square\times\square=2\times\triangle\times\triangle.$$

根据前面的推理，□也应该是一个偶数。于是矛盾出现了，我们可以肯定○和□中至少有一个是奇数，而此时的结

论却是○和□都是偶数。

为什么会产生这样的矛盾呢？那是因为“$\sqrt{2}$ 是可以用分数来表示的数”这个假设条件本身就是错误的。在错误的条件下进行的推理，自然会得到自相矛盾的结论。这种**首先假设原条件正确，最后在推理中出现矛盾，由此证明原条件错误的论证方法被称为“反证法”**。“无理数不能用分数来表示”这个结论不是凭空得出的，我们已经通过上述推理证明了它是一个正确的结论。

毕达哥拉斯的矛盾

无理数最早是由古希腊数学家发现的。但是，古希腊最伟大的数学家毕达哥拉斯却否认无理数的存在。在以毕达哥拉斯为首的毕达哥拉斯学派的教义中，明确指出所有的数都可以用分数来表示。但是，我们已经知道类似$\sqrt{2}$ 这样的无理数是不能用分数表示的。据说，有一位学派成员在发现了无理数后，引起了毕达哥拉斯的恐慌，这位学派成员也因此被扔进大海淹死了。当然，这已经是很久以前的事了，并且任何文献中都没有相关记载，所以这一说法是否属实已不得而知。

讽刺的是，只要用毕达哥拉斯亲自发现的“勾股定理”来计算一个图形的边长，就会出现他不承认的无理数。例如，

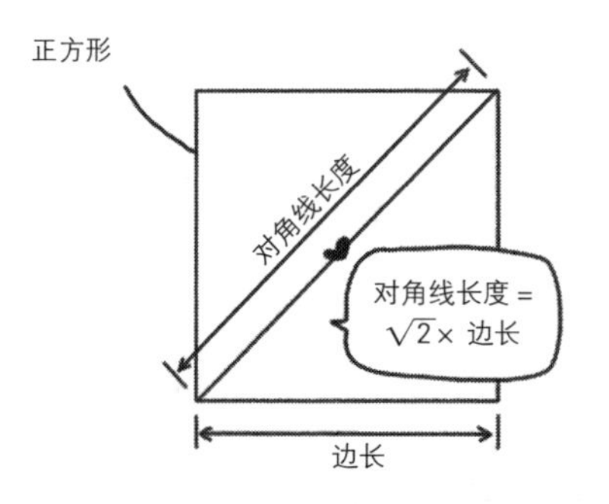

图 2–10　用勾股定理计算正方形对角线长度

用勾股定律来计算正方形对角线长度，如图 2–10 所示，会得到如下等式：

$$正方形对角线长度^2=边长^2+边长^2=2\times 边长^2.$$

显然，

$$正方形对角线长度=\sqrt{2}\times 边长.$$

由此看来，即使是简单的图形中也隐藏着无理数。

无理数不只有 $\sqrt{2}$ 和 π，$\sqrt{3}$ 和 $\sqrt{5}$ 也都是无理数。另外，在微积分和概率论中起着重要作用的自然常数 e（e=2.71828…）也是一个无理数。

值得注意的是，有一个数尚不能被断定是有理数还是无理数，这个数就是“**欧拉常数**”。这个数与微积分有关，其值大约为 0.5772156649…。世界上不存在判断数是否为有理数的通用方法，我们只能一个一个地验证。而能验证欧拉常数是否为有理数的方法还没有被发现。我们虽然知道了证明圆周率和自然常数是无理数的方法，但也明白这比证明$\sqrt{2}$是无理数要难得多，因为必须具备微积分知识。从目前尚无一人能够证明欧拉常数是无理数可以看出，它的证明过程肯定要比证明$\sqrt{2}$、圆周率、自然常数是无理数要复杂得多。

由于有理数和无理数统称为实数，所以任意一个实数不是有理数就是无理数。在本书第四章“无限大的数”部分会对这一点进行详细说明。在所有实数中，无理数要比有理数多得多，因此欧拉常数很可能是一个无理数。既然不能证明它是有理数，那么暂且将它归入多数派队伍中也是可以理解的。但是在还没有证明这一结论之前我们不能妄下断言。如果将来谁能证明它是有理数或是无理数，那么他的名字一定会被铭刻在数学史上。大家有兴趣的话，不妨挑战一下吧！

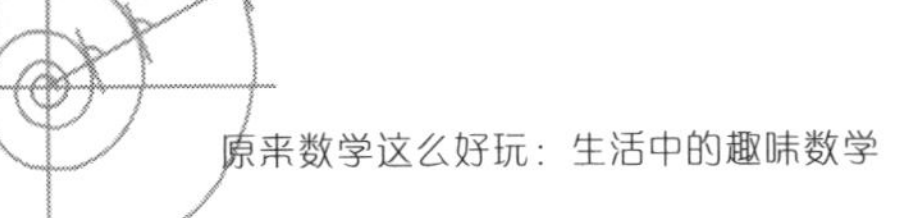

2.4 古希腊人用日晷和骆驼来计算地球周长

拥有强烈好奇心的成年人往往会招来旁人的白眼，公元前 3 世纪左右的古希腊学者**埃拉托色尼**就是其中之一，他身边的学者们给他取了个外号——“贝塔”。贝塔（β）是希腊文字中的第二个字母，相当于英文字母中的 B。这些学者认为他与柏拉图等一流学者比起来，顶多算是二流学者，因为他总是偏离当时的主流研究方向，对什么都表现出兴趣并且还投身其中。

埃拉托色尼会不时地说出一些奇怪的话，比如“我要来测算一下地球的周长”。当时的古希腊科学研究已经非常先进了，很多人都知道地球是一个球体。但是没有一个人想过要计算地球的周长。

埃拉托色尼曾考虑过：**是否可以利用太阳的影子来计算地球周长？**他将埃及第二大城市亚历山大港设为计算参照，而他的老家则在塞恩纳（今阿斯旺），两地的相对位置如图

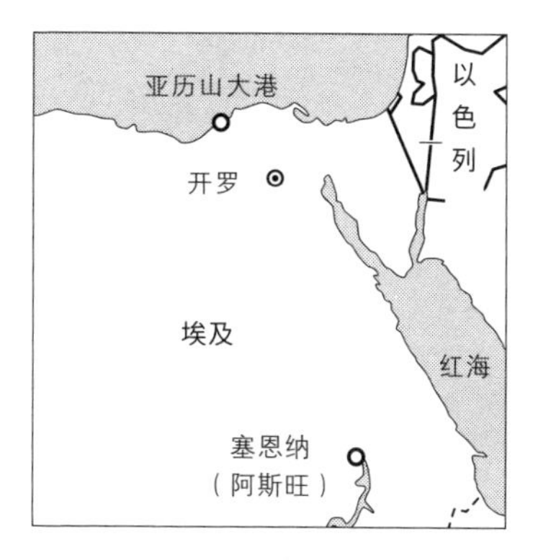

图 2-11 亚历山大港与塞恩纳（阿斯旺）的相对位置

2-11 所示。位于亚历山大港以南的塞恩纳有一口深井，埃拉托色尼发现，夏至那天的阳光可以直射井底，这表明太阳在夏至那天正好位于井的正上方。

但是，亚历山大港地面的立竿在夏至这天却有一段很短的影子。埃拉托色尼认为，立竿的影子是亚历山大港的阳光与立竿的夹角造成的，他分别测量了立竿和影子的长度，由此得出这个夹角约为 7.2° 。也就是说，同日同时，太阳位于塞恩纳的正上方，而对于亚历山大港，太阳则位于正上方偏 7.2° 角的位置。

这个 7.2° 的夹角究竟意味着什么？我们据此绘制了一张简图，如图 2-12 所示。从地心来看，亚历山大港与塞恩纳的位置偏离了 7.2°，而 7.2° 相当于圆周角 360° 的五十分之一。于是，埃拉托色尼认为，地球周长应该是亚历山大港与

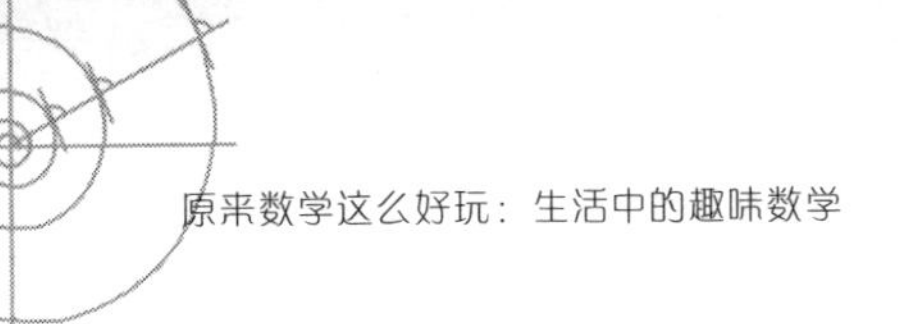

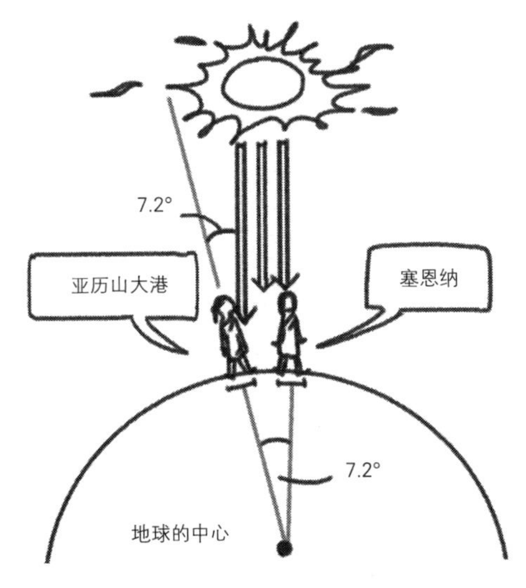

图 2–12　亚历山大港、塞恩纳与太阳的位置关系

塞恩纳之间的距离的 50 倍。

以骆驼行走的距离为基准

当时公认的是，骆驼需要走 50 天才能从亚历山大港到达塞恩纳。如果按照骆驼一天能走 100 斯塔迪亚（古希腊长度单位，1 斯塔迪亚约合 185 米）来计算，亚历山大港到塞恩纳的距离大约为 5000 斯塔迪亚（约 925 千米）。如果地球周长是这个距离的 50 倍，大约就是 4.6 万千米，即：

5000 斯塔迪亚 ×50=250 000 斯塔迪亚（约为 4.6 万千米）

今天，通过对航迹的计算，我们知道地球的赤道周长约为 40076 千米。与这个数值相比，埃拉托色尼的计算结果显然存在一定的误差。但是，他的计算结果是以塞恩纳位于亚历山大港的正南方为前提的，而实际上塞恩纳位于亚历山大港正南偏东的方向上。另外，对于亚历山大港和塞恩纳之间的距离，他是以骆驼的步行速度（50 天到达）为参考推算出来的。在这种情况下，能得出如此接近的结果已经非常令人赞叹了。

除此之外，埃拉托色尼在其他方面也有着家喻户晓的成就。他计算了太阳到地球的距离，还发明了用于求一定范围内的质数的“埃拉托色尼筛选法”。而那些曾经称埃拉托色尼为“贝塔”的学者们都没有在历史上留下名字。不拘泥于常识、为自己的兴趣孜孜不倦探索的埃拉托色尼，才是真正值得我们敬佩的学者。

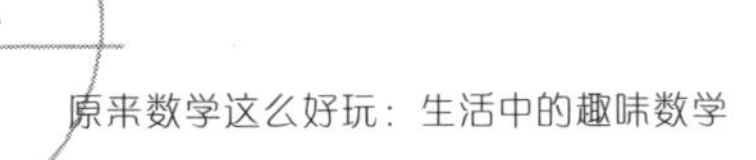

2.5 有每隔 13 或 17 年才出现一次的蝉？

质数是指除了 1 和它本身外，不含其他因数的大于 1 的自然数，如 2，3，5，7，…。质数有许多有趣的特性，自古以来有很多数学家为之着迷。不仅数学家，就连脑袋小小的蝉，也在生存的竞争中融入了质数，令人很难相信吧！

这种不可思议的蝉分布在美国中东部地区。蝉的若虫生活在土里，数年后破土而出，羽化为成虫，这段时间一般为 6~9 年。而美国的**这种蝉会在地下蛰伏 13 年或 17 年**，到时一起破土、羽化，随后落满树枝，发出尖锐的鸣叫声。目前所知的，蛰伏周期为 13 年的有 4 种，蛰伏周期为 17 年的有 3 种。由于 13 和 17 都是质数，所以这些蝉被称为“**质数蝉**”，又因为他们会呈周期性地群体出现，所以也称“**周期蝉**”，如图 2–13 所示。

图 2-13　质数蝉照片

为什么这些蝉每隔 13 年或 17 年才破土而出呢？这个困扰了人们很久的谜团后来被一位日本人解开了，他就是任职于静冈大学的吉村仁教授。他对蝉的进化史进行研究，一直追溯到了远古的冰河时期，才找到了答案。

质数蝉的祖先原本与其他蝉的祖先有着相同的习性，等身体充分成长后便破土而出，并非是与同伴商量好在某一年同时羽化。但是**在 180 万年前，地球经历了一次冰河期，自然环境发生了巨大的变化**。

质数蝉的祖先们生活的美洲大陆，有一半的陆地被冰川覆盖了。天寒地冻的环境让许多若虫还没来得及破土而出就

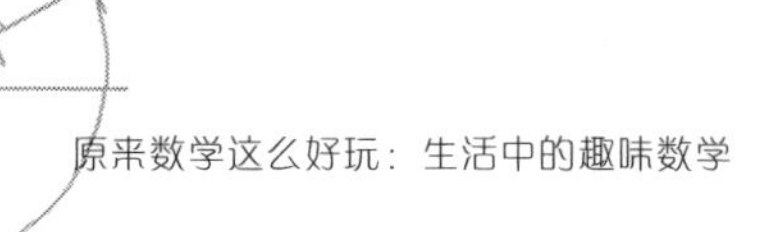

被冻死了，而部分没有遭遇冰川覆盖的地方，动植物得以勉强存活，这些相对比较温暖的地方被称为“**冰河期避难所**”。虽然生活在这些地方的若虫逃过了一劫，但是由于气候寒冷，树根的营养极度匮乏，若虫生长速度变得非常缓慢。今天，质数蝉的若虫期长达13年或17年，就是受了这次变故的影响。

但是，生长缓慢的质数蝉的祖先们面临着一个严峻的问题，那就是蝉羽化为成虫后的寿命只有两周，如果在这两周内找不到交配对象，产不下虫卵，就会在没有子孙的情况下死去。所以，在地下蛰伏了那么长时间，加上经历了冰河期后同伴的数量变得少之又少，如果它们再七零八落地分散破土，想找到交配对象几乎是不可能的。

因此，质数蝉破土、羽化的时间逐渐变得统一起来。与同类在同一时间破土而出的话，找到交配对象并留下子孙的概率就会大大增加，只有这样，蝉的种群才能繁盛。换句话说，质数蝉并非身体成熟了就来到地面，而是为了更有利于繁衍后代，经过一个固定时间才来到地面。于是，**决定破土、羽化的因素不再是“身体成熟”，而是“时间”**。这些在生存竞争中获胜的蝉的后代就是今天的质数蝉。

促进种族繁荣的质数

但是，为什么质数蝉破土而出的时间间隔一定是质数呢？这个问题与质数蝉的进化历程有关。科学家们认为，在很久以前有很多种周期蝉，但不以质数为破土周期的蝉，很难生存下来。

例如，曾经有过破土周期为 9 年和 18 年的周期蝉，这两种蝉每隔 18 年都会有一次大规模的破土行动。时间上的重叠让两种蝉发生了杂交，产生了大量的杂交蝉，而杂交蝉的破土周期就变为 9 年到 18 年之间的某一年。这些破土周期不定的杂交蝉在破土而出后，能遇到交配对象和留下后代的概率大大降低，其种群自然很难昌盛，结局多半是走向灭绝。从破土周期为 9 年和 18 年的蝉的命运来看，它们留下的子孙后代一定是越来越少的。

综上所述，在破土时间重叠的年份生出大量的杂交蝉，肯定不利于种群的繁荣。因此，那些破土周期容易重叠的种群逐渐走向了灭绝，最后生存下来的是破土周期不易重叠的种群。

以 13 年或 17 年为破土周期的蝉，每隔 221 年才会出现一次破土期重叠的情况。为什么这个时间会那么长呢？这就要从质数本身的性质说起了。**两个或多个整数公有的倍数被**

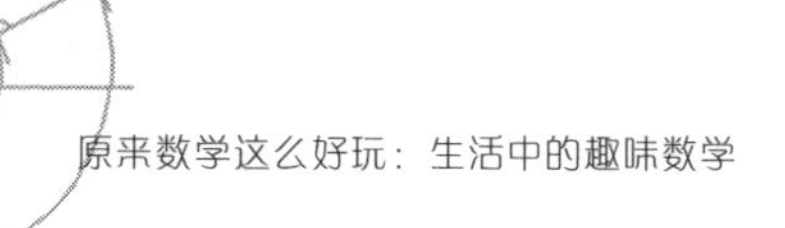

称为“公倍数”，公倍数中最小的一个被称为最小公倍数。两种周期蝉的破土时间会在破土周期的最小公倍数年出现重叠。例如，由于4和6的最小公倍数为12（4×3=6×2=12），所以破土周期分别为4年和6年的蝉的破土时间每隔12年会出现重叠。

能同时被两个整数整除的数是它们的公约数，有公约数的两个整数的最小公倍数往往不会很大。例如，4和6都能被2整除，2就是它们的公约数。但**如果两个整数都是质数，那么它们就没有公约数了**。这是由于质数除了1和它本身，不能被任何正整数整除。既然没有公约数，就不容易出现破土时间的重叠了。**以质数13和17（单位：年）为破土周期的质数蝉的破土时间很少重叠，所以才生存至今**。

蝉肯定不懂何为质数，只是它们在几百万年的自然选择中，不知不觉地得到了质数的“庇佑”，存活至今。在全球变暖这一环境问题日趋严重的当下，有科学家预言，再过5万年会出现下一个冰河期。届时，地球将再度被冰川覆盖，那时也许会出现另一个令人类惊叹的物种。

2.6 世界上最完美的等式

在本章中，我们给大家介绍了各种各样的数。从自然中会出现的数到由印度发现并推广至全世界的0，再到使数学家们着迷的圆周率 π、拥有解开物质奥秘之力的虚数单位i，以及微积分中的重要常数e。这些数在不同的机缘下，产生于不同的时代，并且乍看之下似乎没有相关性。事实上，直到17世纪，仍没有人注意到它们之间的联系。

但是，数学家**欧拉**在1748年出版的《无穷分析引论》一书中的公式，就能将上述所有数全部关联起来，具体如下：

$$e^{i\pi}+1=0.$$

我们称这个等式为“**欧拉公式**”。看似没有任何关联的数通过如此简单的等式就能建立起关联，可谓匪夷所思，也让我们感受到了数学的神秘。

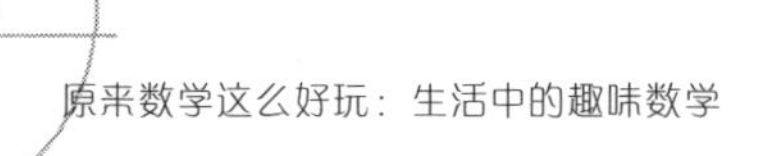

自然界是受某种力量支配的

在数学和科学领域中，如果将看似没有联系的概念结合起来，就可能会发现更深层次的理论。例如，磁铁可以吸住铁钉与暴雨天打雷这两种现象，曾经被认为是风马牛不相及的。但是现在我们知道，它们背后有“**电磁力**”这一共通的力量。它有时以磁场的形式存在，有时以电场的形式存在。正因为电磁力的存在，英国物理学家法拉第才完成了电磁感应实验。法拉第在实验中发现，闭合电路中的部分导体在磁场中做切割磁感线运动的时候，导体中就会产生电流。曾被认为毫不相关的磁场与电场，竟然有着密切的联系。

现代的很多物理学家认为，不仅电场和磁场，自然界中的所有现象，都是某种力量的不同存在形式。而这种力量究竟是什么，目前还不得而知。但是，可以说帮助我们进一步探索真理的媒介之一，正是法拉第电磁感应实验。而欧拉公式如同法拉第电磁感应实验一样，将一个个独立的概念串联在了一起。诺贝尔物理学奖获得者、美国物理学家理查德·菲利普斯·费曼将欧拉公式视为“我们的宝石”，并认为它是“数学中最非凡、最令人惊诧的公式”。

接下来，让我们梳理一下欧拉公式中各个数的意义，借此回顾一下本章内容。

i：虚数单位

i 是一个不可思议的存在，因为 $i^2=-1$。它原本是为了求一元三次方程而引入的，现在却已成为代数、微积分、几何、物理等众多领域不可或缺的工具。正因为引入了 i，数字的世界才不再只有实数，还增加了复数。

e（=2.71828…）：自然常数

自然常数 e 的值为 2.71828…。它是一个无理数，在微积分、概率学等领域应用十分广泛。

0 和 1

它们是所有数的基础。而 0 的提出，距今也不过一千多年。

π（=3.14159…）：圆周率

用数学方法表示波动和旋转问题时一定会用到圆周率，

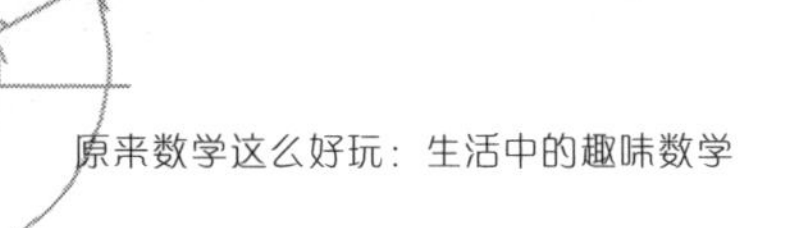

它是几何、物理、工学、统计学等领域非常常用的数。历史上有很多学者为了正确地计算出圆周率的值，倾注了他们毕生的精力，可见它是一个非常有吸引力的数。

欧拉公式并不是一个万能公式，但是因为它简单、富有美感，所以被公认为是世界上最著名的公式之一。

第3章

动 态

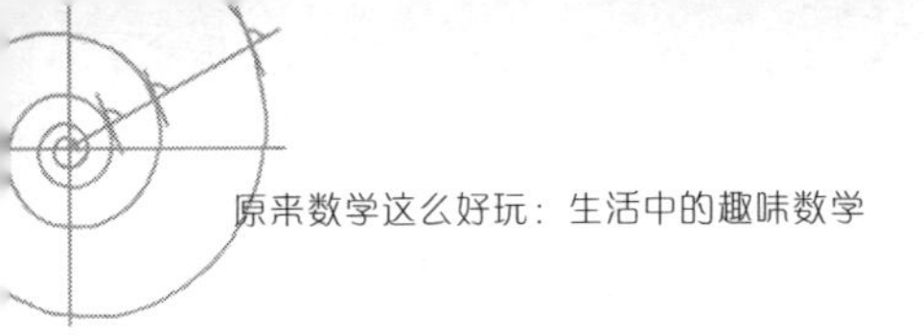

鸟群就像变形虫一样，一边在天空中飞翔，一边变化着队形。

它们的队形看似复杂，实则只遵循了三个简单的规则，让它们能像一只巨大的变形虫一样，以群体为单位飞来飞去。

原来，简单的规则也可以产生复杂的运动！

这一发现，让科学家们震惊，相关研究成果随之遍地开花。

在本章中，我们将对与游戏、上班族活动、无人驾驶汽车，以及台风、火箭等相关的各种运动定律进行探索。

看似复杂的物体其实很单纯，看似单纯的物体其实很复杂，世间万物中隐藏着各种各样的神奇现象。

我们人类的存在也表现出了某种微妙的规律。

人们都讨厌乘坐拥挤的公交车，但是，当周围空无一人时，又会觉得寂寞难耐。

人类的这种微妙性以数学的形式再现于“生命游戏”中，其中各种有趣的特性，让众多爱好者疯狂并将其视为一门学问而进行进一步研究。

从上班族、台风、鸟的移动，到汽车、火箭等人造体的移动，我们在探索形形色色的移动规律的同时，仿佛看到了符合人类自身的人生定律。

3.1 为什么飞翔的鸟不会撞在一起？

很多种类的鸟都是群居动物。大家见过一群鸟在天空中飞翔的画面吗？或许在城市中看到的机会很少，但是如果到郊外或山顶，就会很容易看到这个画面。（如图 3–1）

人类也是一种群居动物，经常进行集体活动。例如，很多人在同一间教室上课、一起出去郊游等。在中国，人们每

图 3–1 鸟群

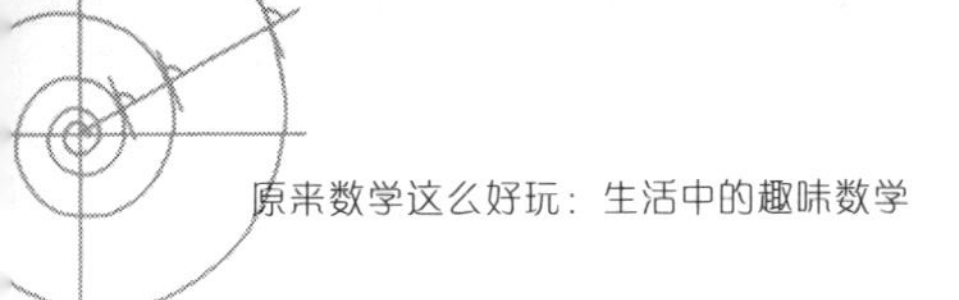

到节假日都喜欢出游，热门景点届时更是人头攒动、摩肩接踵。但是，鸟类进行集体活动的理由与人类是不同的。

鸟类进行集体活动，最主要的目的是防御天敌。单飞的鸟很容易被鹰等猛禽捕食，但是如果一群鸟在一起活动，就能互相提醒、共同御敌，也更容易发现敌情。而另一个目的则是为了共同寻找栖息地。由此看来，鸟类进行集体活动的根本原因是为了生存。

人们对鸟类行踪进行仔细研究后发现，**鸟群中是没有领头鸟的**。如果一群鸟是在一只领头鸟的指示下行动的，那么当鹰靠近的时候，除非领头鸟发现了敌情并告知大家，否则众鸟是不会逃离的。正因为没有领头鸟，任何一只鸟发现老鹰后逃离，附近的其他伙伴也会跟着它一起逃，这样它们存活下来的可能性就大大提高了。

模拟鸟类飞行的“Boid 模型”

人类在进行集体活动的时候，通常会按照老师、班委、上司、教练等领导者的指示行事。而鸟群中没有领头鸟，居然也能进行集体活动，实在不可思议。难道鸟比人聪明？

事实并非如此，**鸟类不过是在行动时遵循了三个基本规则**。发现这些规则的是美国程序员克雷格·雷诺兹。1986 年，克雷格·雷诺兹想用电脑模拟鸟类的飞行过程，于是提出了**“Boid 模型”**。这个模型可以在电脑上呈现出和鸟聚集飞行一模一样的过程，而“Boid 模型”遵循的只是三个简单的规则：

1. 彼此不能太靠近（避免碰撞）；
2. 与旁边的鸟保持一致的飞行速度和方向；
3. 朝着同伴多的方向飞（避免走散）。

就是这么简单的规则，但“Boid 模型”鸟群和真鸟群一样可以表现出复杂的行为。例如，当遇到障碍物的时候，鸟群会分为两队绕过去，并且很快就能汇合。后来，雷诺兹提出的这个模型被广泛应用于电脑图形学等领域，以模拟鸟和其他动物的群体行动。

“Boid 模型”的出现让全世界为之震惊，因为它只用了三个简单的规则就模拟出复杂的鸟群飞翔行为。在此之前，大家都被禁锢在“简单的规则只能得出简单的结果”这个思维定式中。但是，雷诺兹发现遵循简单规则的系统也能有复杂的行为。类似鸟类的飞行，**相互关联的多个内部要素聚集在一起，使得系统表现出复杂的行为，这种体系被称为“复杂系统”**。复杂系统中的各个要素都复杂地关联在一起，并且状况随时都在变化，所以很难根据构成要素预测整个系统未来

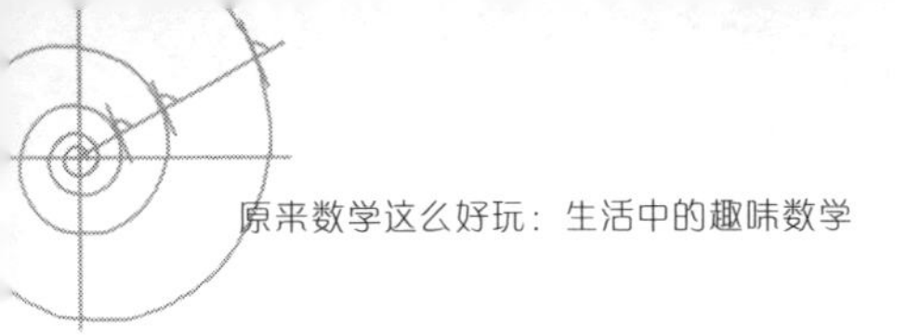

的变化趋势。而将系统作为整体来看，却能发现单个要素所不具有的特性。

复杂系统广泛存在于自然界和人类日常活动中，典型的例子有生态系统、金融市场、气象等。我们的社会就是复杂系统中的一个典型代表。每个人肚子饿了都要吃饭、困了都要睡觉，做每件事的时候总是有某些理由。虽然我们可以从心理学或脑科学的角度来研究人类各种行为的诱因，但由众人组成的社会今后会发生什么，却无法从每个人的心理或脑科学角度去推测。也就是说，“社会”不等于“个人之和”。当我们将社会视为一个完整体系来看待的时候，其中的个体都被忽略了。

有些人宣称能预测未来，但预测结果往往不准，正是因为我们生活的世界是一个复杂系统。就像是金融行业工作者，无论他如何精通经济学和金融学，都不可能准确地预言五分钟后股市的走向。准确地说，经济学和金融学正是建立在股市不可预测性的基础之上的理论研究。所以，当我们投资失败以及人生到达低谷的时候，没必要自责，将人生视为复杂系统，一切就释然了。

3.2 是否存在能模仿生物结构的游戏?

城市和乡下，大家更喜欢生活在哪里?虽然乡下的生活十分悠闲，但是随着人口的减少，很多时候周围连个可以说话的人都没有，久而久之一定很枯燥。而生活在城市的人，虽然可以体验各种新鲜事物，但是无论去哪儿都是人山人海，仅仅是搭乘拥挤的公交车就足以让人烦躁。人是一种群居性动物，没有哪个人能独自走完一生，但是身边的人太多也会让人觉得憋闷。

很多群居性动物也是这样。它们必须一起寻找食物、一起抵御天敌，才能生存下去。但反过来，如果同类大量繁殖，就会出现因食物不足或内部压力而死的情况。**包括人类在内，所有群居性动物都面临着一个问题，那就是周围同伴的多少决定着自己的生死。**

如果将这个问题简单化，可以这样认为：动物是可以**因周围同伴数量的多少而“生”或“死”的。**下面要给大家介

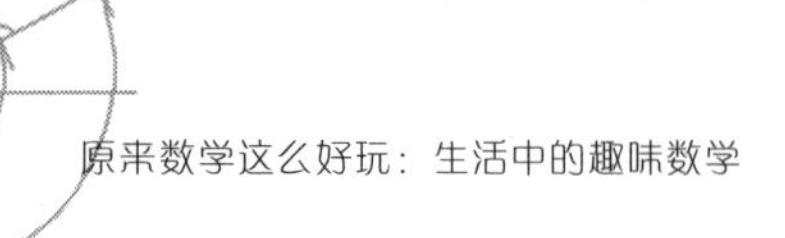

绍的**“生命游戏”**就是人们从这个现象中获得灵感而设计出来的。

“生命游戏”中有一个二维的网格状矩形世界，这个世界的每个方格中都居住着一个白色（死了的）或黑色（活着的）的细胞。每个细胞周围有八个与之相邻的细胞，每个细胞的生与死取决于与之相邻的黑色细胞的数量。例如，图 3–2 中心的黑色细胞，因为其周围都是白色细胞，符合下面的第三条规则，所以这个细胞很快就会死去。

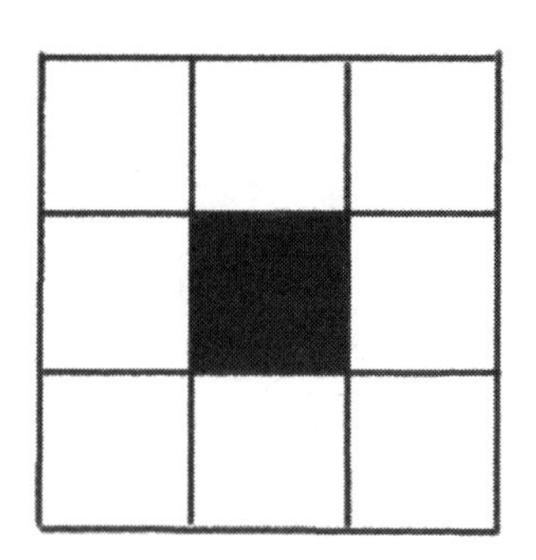

图 3–2　单个细胞及其周围

“生命游戏”中每个细胞的生与死遵循着以下规则：

1. **细胞复活**。如果某个已死亡的细胞周围出现了 3 个活细胞，则该细胞复活（由白色变为黑色）。

2. **细胞维持生命**。如果某个活细胞周围有 2 个或 3 个活细胞，则该细胞保持存活状态（保持黑色）。

3. **细胞死亡**。如果某个细胞周围的环境不属于上述情况，则该细胞会很快死亡（由黑色变为白色）。也就是说，如果某个细胞的周围有 4 个或 4 个以上活细胞，就会因为细胞过密而死亡；如果其周围只有一个或者没有活细胞，就会因为细胞过疏而死亡。

记住以上三个规则就可以开始“生命游戏”了。在游戏开始前，必须先设定每个玩家，也就是每个细胞周围的活细胞（黑色）数量，接着依照上述游戏规则进入游戏。每个细胞的生与死会时刻发生变化，如同一个真实的生命群体在演绎着他们复杂的生命轨迹。

打开“生命游戏”应用程序后，初始状态一般是所有细胞均为已死亡的细胞（全部为白色），玩家可以自行设定想要变黑的细胞的位置，单击方格，就能改变其颜色。在决定了活细胞（黑色）的分布后，按“开始”键，就可以正式开始“生命游戏”了。

很多游戏都会为玩家预先设置一个剧本。在“生命游戏”中，玩家如果觉得自己设置初始状态太麻烦，也完全可以使用游戏预设的剧本，这样就能快速体验游戏的乐趣。游戏中一共有多少个细胞会根据游戏版本的不同而不同，但一般来

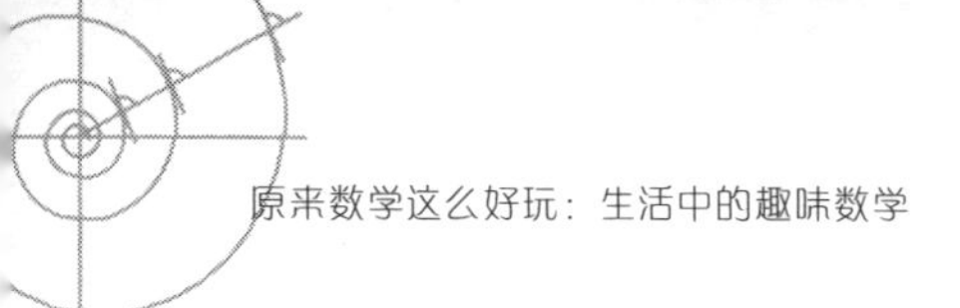

说，各种版本都足以满足玩家的游戏需求。

用数学思维来研究生物繁衍行为的人

“生命游戏”的发明者是英国数学家**约翰·康韦**。他从**“元胞自动机”**这一模型中得到启发，发明了这款游戏。元胞自动机是由美国数学家**冯·诺依曼**和**斯塔尼斯拉夫·乌拉姆**共同开发的离散并行计算模型。

当时，冯·诺依曼致力于用数学思维再现生物的繁衍行为，即繁殖后代的行为。他将生物简化为“多细胞的集合”后将其作为分析对象，其中一个细胞相当于一个“单元”。初始时，假设一个细胞共有 29 种状态，其与周围细胞的相互作用会给它带来无数种变化。冯·诺依曼发现，从初始状态开始，多细胞的集合就像一台复印机一样，不断产生与自身相同的细胞集合。也就是说，冯·诺依曼成功地用数学思维揭示了生物自我复制的规律。他将这个复制体系称为“通用构造器”。在那个没有现代电脑的年代，冯·诺依曼仅用一支笔和一张格子纸就完成了如此复杂的计算，真是一件非常了不起的事。

当康韦知道了这种计算方式后，将细胞状态简化为 2 种，分别为“生”（黑色）与“死”（白色），试图创立一个能够将生物集团极度简化的模型，于是就有了上文提到的“生命游戏”。“生命游戏”因其规则简单，却能演示出超复杂的变化而被世人称赞，并且各种模式被相继研究了起来。

简单的规则衍生出复杂的图形

下面给大家介绍一下“生命游戏”中最具代表性的**“滑翔机”结构**，如图 3–3 所示。首先看最左边的格子。其中的 5 个活细胞呈“V”字形排列，我们就从这里开始“生命游戏”。在下一阶段，有两个细胞死亡，但有两个细胞复活，此时图形发生了细微的变化。继续进行游戏，在第五阶段时，图形又恢复为最初的样子，但如果仔细观察就会发现，图形整体向右下方移动了一格。

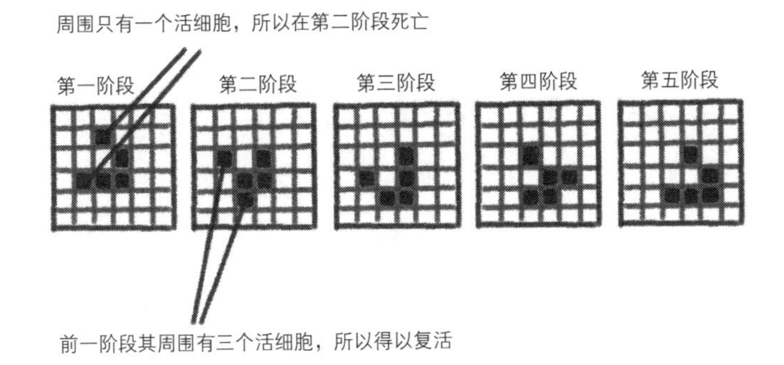

图 3–3 “生命游戏”的“滑翔机”结构

可以看出：在“滑翔机”模式下，**每经过四个阶段，图形就会出现整体向右下方移动一格的现象**。综观这个游戏过程，这个“V”字形如同一架不断地沿一条直线移动的滑翔机。

在“滑翔机”模式基础上，又出现了**“滑翔机枪”**结构，如图 3–4 所示。由于其状态的变化比较复杂，所以这里只展示其某个阶段的状态。这个模式的图形变化规律是：滑翔机枪会不断地、呈周期性地射出一架架滑翔机，构成一个滑翔机队列。因为这与生物的不断繁殖相似，所以这类结构也被称为**“繁殖结构”**。

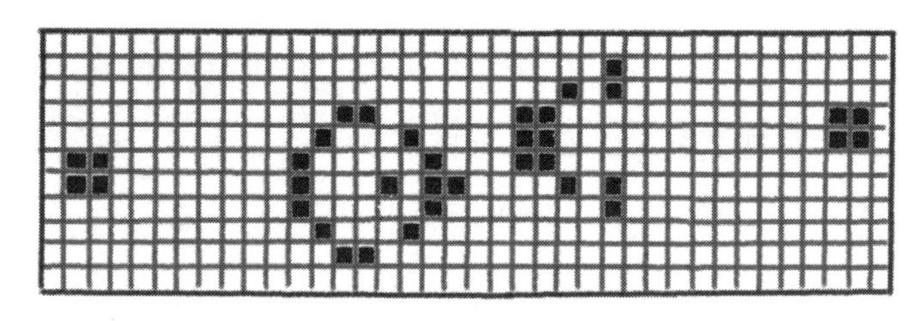

图 3–4 “滑翔机枪”结构

有趣的是，将某个特定结构作为初始状态，会逐渐出现第一章介绍过的拥有分形结构的图形。例如，初始状态为一排紧密相连的活细胞，最终会形成一个名为**“谢尔平斯基三角形”**的分形图形，如图 3–5 所示。原本只有若干个呈一条直线排列的细胞，竟然可以演变出如此复杂的分形图形，真是不可思议！

图 3–5　谢尔平斯基三角形

（使用 Golly 3.2 绘制）

“生命游戏”与贝壳花纹

通过“生命游戏”可以绘制出自然界中存在的复杂图形，其中，由英国理论物理学家**斯蒂芬·沃尔弗拉姆**设计的**“规则 30”模式**是比较著名的例子。这个模式与一般的“生命游戏”模式不同，它是一款根据排列在一条直线上的细胞来决定其状态变化的一维“生命游戏”。

在二维“生命游戏”中，每个细胞由其周围的 8 个细胞的状态决定其生死。在一维“生命游戏”中也一样，生死由周围细胞的状态决定，只不过，在一维“生命游戏”中，每个细胞的周围只有 2 个细胞，分别位于其左、右两边。换句话说，决定一维“生命游戏”中某个细胞生死的只有自身和其周围的 2 个细胞。

那么，该如何进行这个游戏呢？其实，一维“生命游戏”有很多模式，下面给大家介绍这种名为**“规则 30”**的模式，如图 3-6 所示。

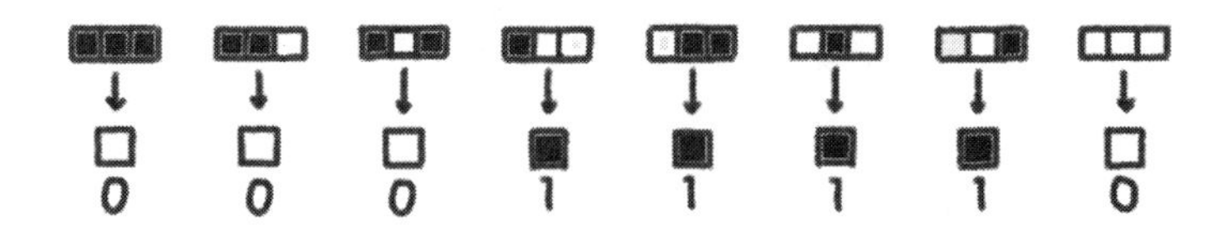

图 3-6　一维“生命游戏”中的“规则 30”模式

（岩本真裕子绘制，图形做了部分修改）

在图 3-6 中，每个部分第一行都有 3 个相邻的细胞，分别用黑色和白色来表示。每个细胞各有黑和白两种模式，所以 3 个细胞的排列模式共有 2×2×2=8 种。第二行表示的是进入下个阶段时，位于中间的细胞的状态。例如，左起第二幅图中的 3 个细胞分别为黑色、黑色、白色。在这种模式下，位于中间的细胞会在下个阶段死亡，也就是变为白色。

综上所述，我们只需要逐一列出上述 8 种模式在下一阶段的状态，则在任何情况下都能确定游戏下一个阶段的状态，将游戏进行下去。

为什么将这种模式命名为“规则 30”模式呢？正如图

3-6 所示的细胞变化规则，如果用 0 和 1 两个数字来表示在各种模式下中间细胞下一阶段的状态，也就是用 0 表示白色，用 1 表示黑色，就会得到“00011110”这个数列，而这个数列正是二进制中的数 30。

对于呈一条直线排列的大量细胞来说，如果在初始时，只设定其中一个细胞为黑色，其余细胞均为白色，那么在“规则 30”模式下，下一阶段众细胞的状态就能根据上一阶段众细胞的状态不断变化，最终会出现如图 3–7 所示的复杂图形。在这个图形中，位于上端的顶点代表的就是初始时设定的黑色细胞。

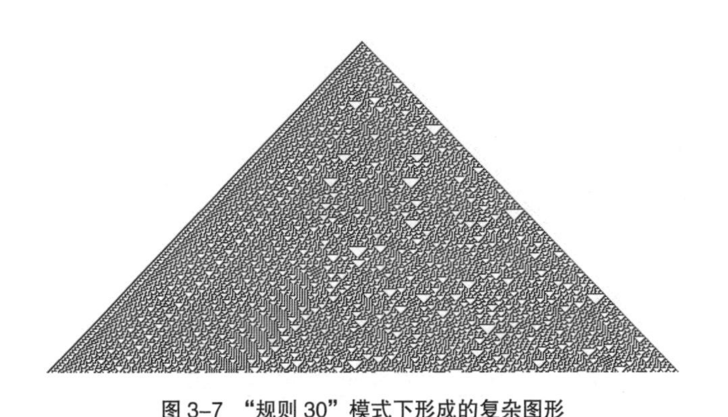

图 3–7 “规则 30”模式下形成的复杂图形

（图片来源：http://mathworld.wolfram.com/Rule30.html）

上述图形与**芋螺**贝壳上的花纹几乎一模一样，如图 3–8 所示。之所以会出现这样的现象，是因为芋螺贝壳上的花纹

图 3–8 芋螺身上的花纹

（图片来源：DE AGOSTINI PICTURE LIBRARY）

的形成过程与“生命游戏”极为相似。芋螺贝壳的边缘布满了色素细胞，**当某个色素细胞活化时，会分泌大量色素，这些色素会对周围的色素细胞的活性产生干扰**。这种与周围细胞相互作用的现象，与“生命游戏”如出一辙。另外，色素细胞是呈带状分布的，这也与一维“生命游戏”中的细胞排列情况非常相似。总之，芋螺贝壳每长一层细胞，给人的感觉就像在玩一个一维“生命游戏”。

在一维“生命游戏”中，每推进一步，新的结果就会添加在下面，芋螺也是这样一层一层地制造自己的花纹的。芋螺通过延展自己的贝壳边缘来不断地长大，这个过程中形成的花纹会一层一层地刻在贝壳上，这又与“生命游戏”中的细胞逐渐变化，形成复杂图形的原理一致。

其实，拥有如此复杂的花纹，对芋螺的藏身是非常有帮助的。芋螺含有剧毒，会对靠近自己的小鱼伸出“毒鱼叉”（长长的毒针），这根毒针会刺穿并麻痹对方，然后芋螺便可以将对方吞食。尽管芋螺的移动速度非常缓慢，但是它身上复杂的花纹可以与水底的砂石混为一体，使它不容易被猎物发现，而当鱼意识身边有芋螺的时候，一切都晚了，它们此时已经在芋螺毒针的攻击范围之内了。

在“规则 30”模式中，只要对初始时活细胞的位置稍作改变，最终形成的图形就可能发生很大的变化。我们将这种**对初始条件非常敏感的系统称为“混沌系统”**。因为最终的结果难以预测，基本接近随机，所以有时也被用来生成随机数。其实，芋螺个体之间的花纹差异很大，这是它们形成时的环境不同造成的。如果所有的芋螺都拥有相同花纹，就会被小鱼识破。换句话说，拥有不同的花纹算是芋螺的一种生存策略。

从生物的繁衍行为得到启发，进而研发出来的“生命游戏”被广泛应用于解释生命现象、研究混沌系统，以及生成随机数等方面。仅用一张纸就能写全的简单规则，竟然能引出如此深奥的理论，只能用“震撼”两个字来形容了！

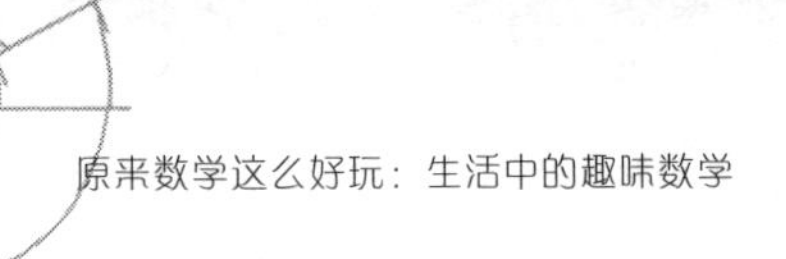

再给大家普及一个常识：芋螺通常生活在温暖的海水中，但它的剧毒足以让人毙命，所以如果在海水浴时看到芋螺，一定不要想着把它带回家研究。

3.3 计算交通费需要花费上千年?

上班族中的销售人员在业绩上有着严格的指标，如一个月跑了几家企业、签下了几份合同等。领导会怎么对待他也和业绩密切相关。“黑色企业”一词最近出现在人们的视野中，全社会正呼吁这样的公司调整其过于残酷的工作环境。但是，目前在日本的某些地区，仍然有激动的上司在大声斥责部下。

下面我们来设想一个情景，假如富岛是一家黑色企业的销售人员，某日加班结束后准备回家时，突然被营业部部长叫住:“从明天开始，你要去 20 个城市，将所有库存的商品全部销售出去，否则别回公司，也不能回家！并且，交通费自理。”对于要将全部工资上交给老婆的富岛来说，他必须从自己的零花钱中挤出往来于这 20 个城市的交通费。

接下来，让我们一起帮富岛思考一下，怎样才能花最少的钱跑完这 20 个城市？首先，为了将问题简单化，我们计算

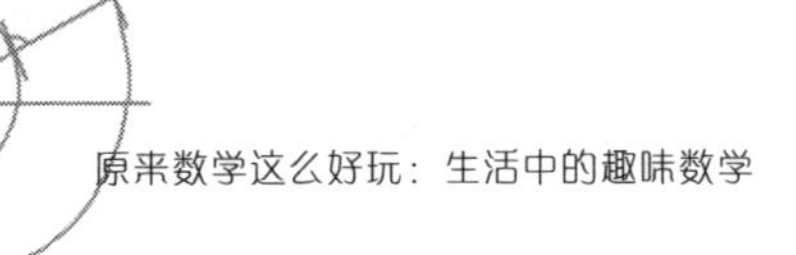

交通费与移动距离的比值。也就是说，我们不考虑同一段距离搭乘何种交通工具，只按照移动距离来计算交通费。因此问题就被简化为：为了最大限度地节省交通费，冨岛该怎么做，才能在跑完 20 个城市后，使得移动距离之和最短？这种**用最短距离跑完多个城市的问题**被称为“**旅行推销员问题**”。

考虑跑完 4 个城市的最短距离

最直观的解决办法就是计算出各个走法的移动距离之和，然后从中挑选出最短线路。这样看来，我们首先要找到跑完 20 个城市的全部线路。如果通过地图一条线路一条线路地寻找，是非常浪费时间的。我们不妨用数学思维来简化这个问题，将思考的重心放在“**抵达城市的顺序**”上。

另外，20 个城市在数量上过多，不容易思考，我们不妨将问题进一步简化为只跑札幌、东京、大阪、福冈 4 个城市。由于冨岛居住在东京，所以东京既是起点也是终点，那么第二个要去的城市就是除东京外的 3 个城市之一，第三个要去的城市就是其余的 2 个城市之一，而最后剩下的那个就是第四个要去的城市。

简单计算一下，以东京为起点，跑完 4 个城市的线路应该有：

到第二个城市的走法（3）× 到第三个城市的走法（2）× 到第四个城市的走法（1）=6（条）.

如图 3–9 所示。

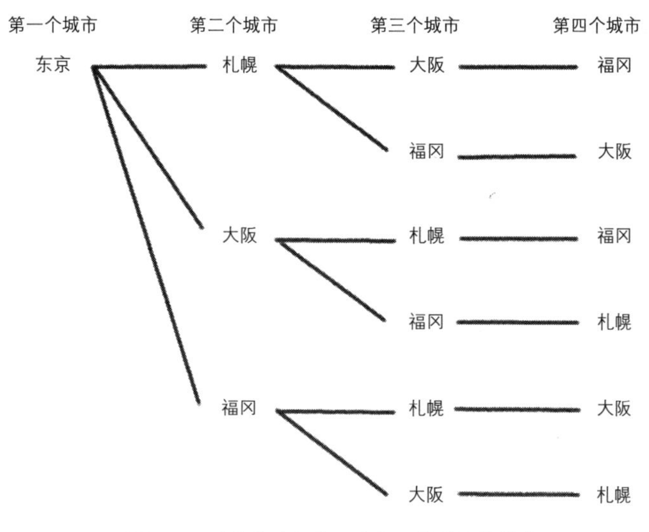

图 3–9　以东京为起点，跑完 4 个城市的线路

如果仔细观察图 3–9 中的线路就会发现，“一共有 6 条线路”这个结论是有问题的。因为位于最上方的“东京—札幌—大阪—福冈”与位于最下方的“东京—福冈—大阪—札幌”是同一闭环线路，只是路径相反而已，属于重复路线。排除这些重复计算后，实际线路为 6 ÷ 2=3 条。

将两式进行合并，则以东京为起点，跑完 4 个城市的线

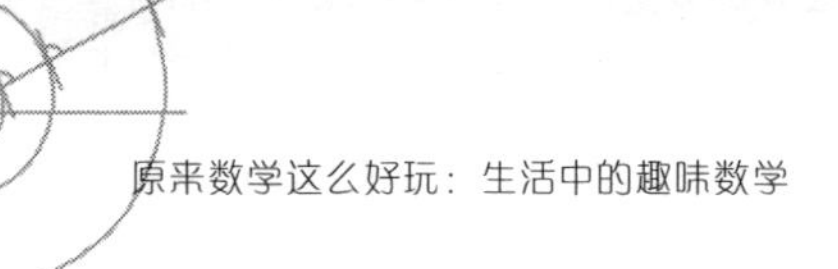

路共有（3×2×1）÷2=3 条。如果增加城市的个数，仍然可以计算总线路数。例如，要跑完 6 个城市的线路共有

$$(5\times4\times3\times2\times1)\div2=60\text{ 条}.$$

与跑完 4 个城市相比，线路一下子增加了好多。另外，上述中的“5×4×…”写起来非常麻烦，有一个简单的符号可以帮我们解决这个问题。“5×4×3×2×1”可以表示为“5！”。也就是说，我们可以用**“n！”表示“从 1 到 n 的所有正整数的积”**，这种表示法被称为**阶乘**。

接下来，我们算一下跑完 10 个城市的线路共有多少条，计算过程如下：

$$9!\div2=(9\times8\times7\times6\times5\times4\times3\times2\times1)\div2=181440\text{ 条}.$$

从计算结果可以看出，共有 18 万余条线路。可见，稍微增加几个城市，线路数就会剧增。那么跑完 20 个城市的线路数共有：

$$19!\div2=(19\times18\times\cdots\times2\times1)\div2=60822550204416000\text{ 条}.$$

经过计算发现，共有约 6.08×10^{16} 种走法！想必冨岛用手中的计算器是算不过来的，必须用高性能计算机才能计算出来。如果用一台能在一秒内进行 10^{16} 次计算的超级计算机来计算全部线路，大概只需 6 秒的时间，还能迅速找到最短的线路。而回到现实中，与其花费巨资去租借一台超级计算机，还不如随机选择一条线路。

最后的结局是，冨岛跑完了 20 个城市回到东京时，受到了营业部部长盛情款待。在为冨岛接风洗尘的酒会上，营业部部长说道："冨岛辛苦了！下次，咱们要跑完 30 个城市……"

我们赶快来计算一下，跑完 30 个城市共有多少条线路，过程如下：

$$29! \div 2 = 4420880996869850977271808000000 \text{ 条}.$$

经过计算发现，共有约 4.4×10^{30} 条线路，这可谓是一个天文数字。如果用超级计算机来计算所有线路，需要花费的时间为 $(29! \div 2) \div 10^{16} \approx 442088099686985$ 秒，也就是约 1400 万年。

如此看来，城市数量每增加一点，总线路数就会剧增。这种**由于计算要素的增加造成计算结果剧增，从而导致计算**

困难的现象被称为“组合性爆发”。一旦形成组合性爆发，想得出总线路数，根本是不可能的。所以我们只能**放弃寻找最短线路的想法，用其他方法算出一条与之相近的线路**就可以了。其中的一个具有代表性的方法是“**遗传算法**”。

使用遗传算法，只需重复以下步骤，就可以找到一条与最短行程接近的线路：

1. 随机生成若干条线路；

2. 分别计算这几条线路的总距离；

3. 从中选出几条距离相对较短的线路，再将这几条线路交叉组合，生成新线路；

4. 重复执行步骤 2 和步骤 3。

遗传算法的思想类似于农业品种的改良。例如，早期的胡萝卜颜色偏白、外观偏细长，看上去与树根没什么区别，味道也没有现在这么可口。后来经过人为的品种改良，选择胡萝卜中颜色更艳丽、外观更粗壮、味道更甜的个体进行多次培育，才有了我们今天的胡萝卜。

旅行推销员问题也可以用同样的方法进行“品种改良”，只不过，最终目的不是改良口感，而是要求出行程最短的线路。第一步随机生成的线路类似于原始胡萝卜，基本都是不讨人喜欢的（路程不够短），但是到第三步的时候，已经能找出相对较短的线路了，如果继续将各条较短的线路交叉组合，就能得到更短的线路。

打个比方，如果将相对较短的两条线路作为父母，让他们生子，那么子线路相当于由父母线路拼接而成的。就像一个孩子，眼睛长得像妈妈，嘴巴长得像爸爸，总会带有父母的某些特征。在此基础上，部分子线路会因为城市顺序发生改变而引发“突然变异”。在突然变异的线路中，可能会出现比父母线路更优秀（行程更短）的线路。这就像在自然界中，偶然出现的突变会产生具有新特性的个体，它们如果在自然选择中具有优势，就可能扩散，从而实现物种的进化。对最短线路的选择就是期待优化体出现的过程。

为什么从多个子线路中选出总距离相对较短的线路，并用同样的方法重复筛选，就可以得到更短的线路？这是由于除第一次选择的线路外，之后的线路都是短距离线路之间的组合，重复下去，自然会产生总距离越来越短的线路。因此，这种**通过优秀后代进行品种改良（自然淘汰）的算法被称为遗传算法。**

遗传算法虽然只是随机选取了几条线路加以整合，但在有限的计算时间内，还是能得到理想的结果的。在很多情况下，这个算法都非常实用。

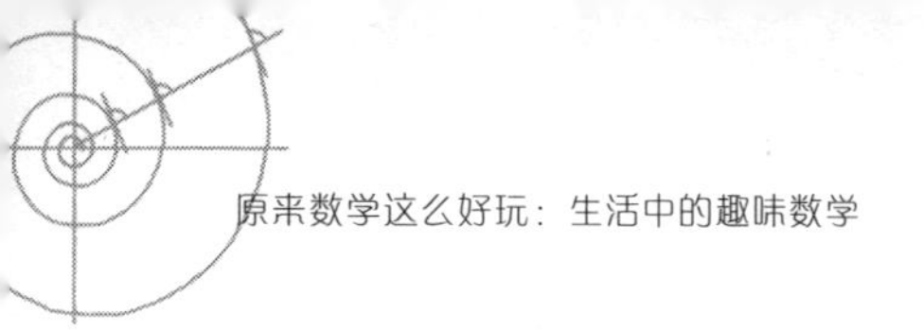

换个角度来思考，我们每个人的基因也可以说是通过遗传算法得到的还不错的结果。虽然不是“最强大脑”，也不会对疾病免疫，但一定是在生存竞争中胜出的那部分基因。所以，“马马虎虎”的人生也能好好过下去！

3.4 北半球台风的漩涡方向

每年一到夏天，就会听到各种台风影响沿海城市的新闻。台风的频繁来袭让大多数人厌烦。可是也有些人在刮台风的时候异常兴奋，专门跑出去寻找刺激，希望他们能注意安全。

随着科技的不断进步，如今通过气象卫星或空间站就能对台风全貌进行拍摄，我们也可以在网络上看到台风的照片。细心的人会发现，南半球和北半球的台风旋涡方向是不一样的。例如，**北半球的日本上空的台风旋涡一定是逆时针方向的**，如图 3-10 所示；而**南半球的澳大利亚上空的台风旋涡一定是顺时针方向的**，如图 3-11 所示。所以，很多人认为，除台风外，北半球的大气旋涡、水漩涡也一定是逆时针方向的，而南半球的则是顺时针方向的。

图 3–10　北半球的台风（2019 年 2 月 25 日，台风 2 号）

［图片来源：信息通信研究机构（NICT）］

图 3–11 南半球的台风（2019 年 2 月 19 日，气旋“沃玛”）

［图片来源：信息通信研究机构（NICT）］

为什么北半球和南半球各种旋涡的方向不同呢？这与地球自转产生的“**科里奥利力**”有关。所谓科里奥利力，是**由于地球自身的旋转使得地面上的运动产生偏移而引入的一种假想的力**。单凭这些是很难理解它的，下面我们借助视觉影像来对其进行研究。

科里奥利力的概念

假如你在北极用极大的弹跳力飞上天，当到达平流层时俯瞰地球，你就会发现地球是沿逆时针方向旋转的。

接下来，在地球上的北极向南极方向抛一个球，如图3-12所示。最后发现球没有落在正南方向上，为什么会这样呢？这是由于球在飞出去的同时，由于地球的自转，地面发生了移动，导致球不会落到正南方，而是落在正南偏西（球飞出去的方向右手边）的某个位置上。如果从宇宙空间（宇航员视角）看这个抛球的过程，会认为运动的是地面，而球是沿直线飞行的。但在地球上的抛球人看来，球飞行的轨迹是向右方偏移的。也就是说，有一种看起来向右的力量作用在了球上。这种由于地球自转而产生的作用于运动物体上的力就是科里奥利力，也就是地转偏向力。这种力不是以“神的视角”感受到的，而是以人的视角感受到的一种假想的力。

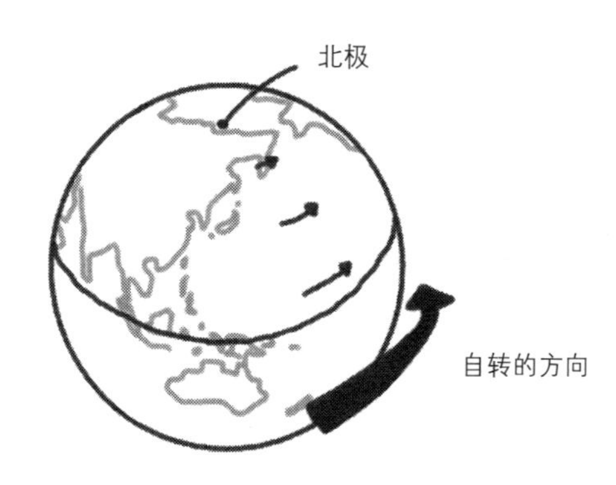

图 3–12　科里奥利力作用于南北向运动的物体上

科里奥利力在北极和南极最为明显，越接近赤道越弱，到了赤道就变成零了。因为赤道上的人随着地球自转，自身也在围绕地轴向东运动。当物体运动方向与旋转轴方向平行时，科里奥利力为零。所以，如果站在赤道上抛球，球一开始就会在地球的自转方向上由于动量而向东飞去，自然不会产生科里奥利力。而两极由于位于地球自转轴的两端，不受地球自转的影响，自然不会在此方向上有动量，所以产生了科里奥利力。

北半球与南半球的不同之处

在对科里奥利力有了初步的认识之后，我们来思考一下，为什么北半球台风的旋涡是逆时针方向的？**台风是一种吹向**

低气压的、强烈的风暴。天气预报中经常会提到高气压和低气压这样的术语。所谓高气压是指目标区域的气压比周围更高（空气密度高），而低气压是指目标区域的气压比周围更低（空气密度低）。**空气总是由密度高的地方向密度低的地方流动，所以会刮起由高气压吹向低气压的风。**

当多种气象条件共同作用而形成极端低气压区域时，周围的空气就会向低气压中心急剧移动，产生暴风，也就是台风。如果没有科里奥利力的作用，外围的空气会直逼台风眼（低气压中心）。但因为受到科里奥利力的影响，而且其强度离赤道越近会越弱，所以在北半球就会出现如图 3–13 所示的景象。

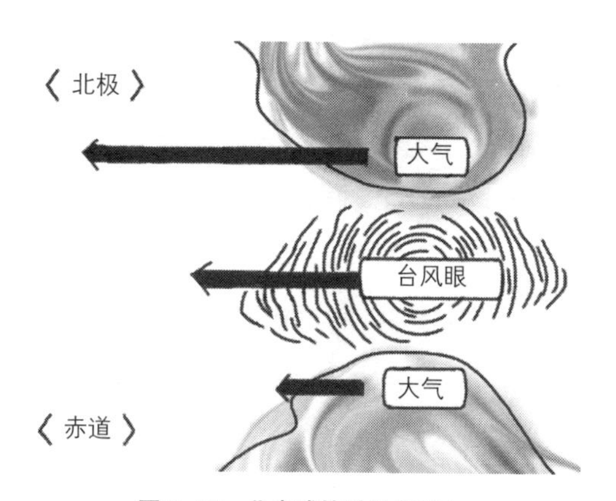

图 3–13　北半球的科里奥利力

需要注意的是，**台风眼也会受到科里奥利力的影响而逐渐移动。**为了观察台风眼周围的大气状况，我们暂且忽略台风眼附近的科里奥利力，如图 3-14 所示。北面大气的左方向上和南面大气的右方向上都受到了力。南面大气受到的其实也是向左的科里奥利力，但比台风眼受到的科里奥利力弱，所以如果不考虑台风眼附近的科里奥利力，完全可以认为其受到了向右的力。结果是台风眼周围产生了向左的回旋力，所以台风漩涡是逆时针方向的。

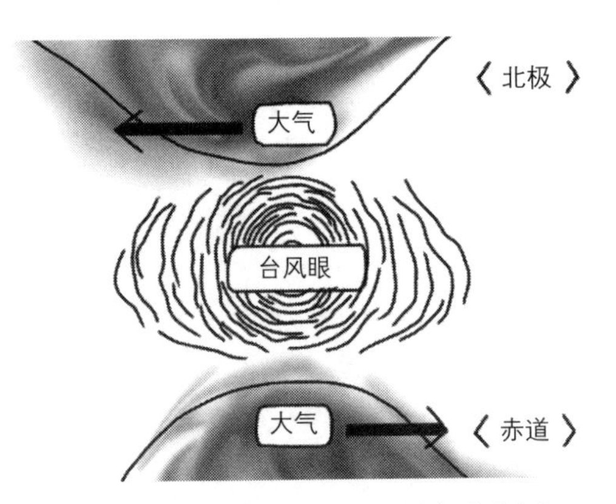

图 3-14　在台风眼的位置看到的大气流动方向

类似的道理，在南半球，北面是赤道，南面是南极，科里奥利力的影响方向、大小正好与北半球相反，所以南半球产生的就是顺时针方向的台风旋涡。

值得注意的是，地球自转产生的科里奥利力非常弱。除非像台风这样的大规模现象，以及长距离飞行的弹道导弹的轨道，我们日常生活中形成的各种小旋涡基本不受到它的影响。所以“北半球的旋涡一定是逆时针方向的”这一说法缺乏科学依据。洗手池、浴缸、游泳池在放水的时候都会形成漩涡，但是这些漩涡有时是顺时针方向的，有时是逆时针方向的，并且南北半球几乎没有区别。当然，科学家们通过周密的安排排除掉科里奥利力之外的影响后进行实验时，哪怕是浴缸中的小漩涡，也可以观察到受科里奥利力影响的结果：在北半球是逆时针的，在南半球是顺时针的。

3.5 能在真空中飞行的火箭

飞机和火箭都是在空中飞行的。可你知道吗？如果没有空气，飞机是不能飞行的，而火箭却能在没有空气的宇宙空间穿梭。这是为什么呢？其实，它们的飞行原理是完全不一样的。

火箭的飞行原理

火箭的结构非常复杂，目前能独立完成火箭研发，并用它们将人造卫星送至太空的国家屈指可数（仅中国、俄罗斯、美国、法国、日本、英国、印度等）。制造火箭的技术很复杂，但是火箭在宇宙中飞行的原理却很简单。火箭是利用**“动量守恒定律”**来实现飞行的。

一个物体或数个物体组成的系统，只要没有受到外部的作用力，其总动量会保持不变，这就是动量守恒定律。这一定律是自然界中最重要、最普遍的守恒定律之一。我们在搬东西的时候会觉得轻的东西好搬，重的东西不好搬，这其中就隐藏着动量守恒定律。**物体是否容易移动取决于它的质量和移动的速度**。比起拿走玻璃球，移动一张桌子肯定更为费劲；比起投出时速 10 千米的球，时速 100 千米的投球肯定更难实现，但专业棒球手可以投出 150 千米时速的球！正因为有难度，所以才有专业棒球手这一职业。

物体的质量越大、速度越快，要移动该物体就越困难，那么质量和速度这两个决定性指标可以合二为一吗？在物理学中，一般都是基于同样的标准来描述物体的运动的。物体质量与速度的乘积被称为“动量”，它遵从以下定律：

动量守恒定律

在没有外作用力的条件下，“质量 × 速度（= 动量）”的总和（总动量）保持不变。

仅仅这样说的话，会令人很难理解。下面我们通过具体示例来说明。试想一下，从左侧飞来一个质量为 10 千克、时速 100 千米的铁球，撞上了一个粘着强力胶的静止铁球。在撞上的瞬间，两个铁球紧紧地粘在了一起。假如静止的铁球质量为 1 千克，那么飞来的铁球速度会变为多少呢？根据动量守恒定律，即“质量 × 速度”保持不变，那么在不考虑重

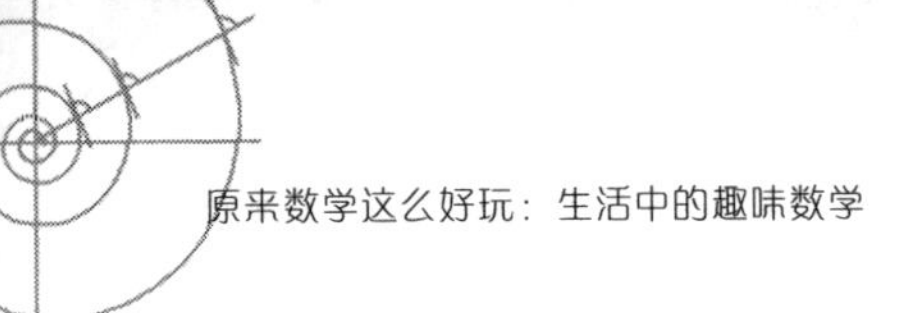

力以及空气摩擦力的情况下，有：

10 千克 ×100 千米 / 时 = 11 千克 × □千米 / 时 .

经过计算，□中的数约为 91。由此可见，与静止的铁球粘在一起后多出的重量、下降的速度，都可以被正确地计算出来。如果静止的铁球质量是 500 千克，那么相撞后，飞来的铁球的速度又会变为多少呢？根据动量守恒定律，有：

10 千克 ×100 千米 / 时 = 510 千克 × △千米 / 时 .

经过计算，△中的数约为 2。由于飞来的球撞上的是一个非常重的铁球，所以速度降为时速 2 千米了。

综上所述，通过动量守恒定律可以了解运动着的物体的状态。

接下来，我们思考一个不同的问题。这次不是两个运动的物体粘在一起，而是一个静止的物体裂成了两半。如此假设可能有些难以理解，但我们暂且这样设定。若静止的物体分裂后，其中一半朝一个方向飞去，则另一半应该飞向相反的方向。这是由于物体静止时其“质量 × 速度”为零，根据动量守恒定律，物体分裂后总体的“质量 × 速度”依然为零。用负号来表示相反方向的话，方向相反的两个动量之和为零。

例如，质量为 100 千克的铁球分裂成两部分，分别为 10 千克和 90 千克。其中，10 千克的部分以 90 千米的时速往左飞去。根据常识，铁球几乎是不可能发生分裂的，那么假设这个铁球是有裂缝的，内部住着一个力大无穷的小人。小人的家在 90 千克的部分中，这个小人跳出家门，推了一下 10 千克的那部分，让它向远处猛地飞了出去。此时，90 千克的部分速度为多少呢？根据动量守恒定律：

$$100\text{ 千克} \times 0\text{ 千米/时} = 10\text{ 千克} \times 90\text{ 千米/时} + 90\text{ 千克} \times \bigcirc\text{千米/时}.$$

经过计算，○中的数是“–10”。这里的负号表示运动方向相反。所以，90 千克的那部分是以 10 千米的时速向右飞去的。

火箭也是基于同样的原理实现飞行的。只不过，从火箭上分离下来的不是铁球块，而是从发动机中喷射出来的推进剂。推进剂也有自重，在其燃烧、向下喷射的过程中，会产生推动火箭向上飞行的反作用力。当然，火箭本身也是非常重的，推进剂被喷射出来后产生的力量使得火箭的动量不断

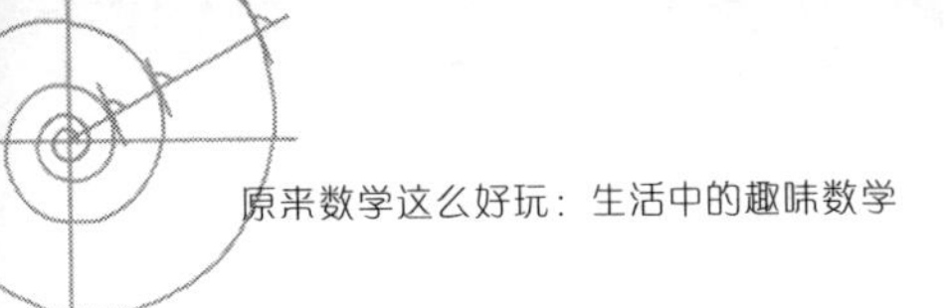

加大，从而将火箭送上了天。动量守恒定律在真空中依然成立，所以火箭能在宇宙空间中飞行。

最早发现只要运用动量守恒定律就可以进入宇宙空间的，是20世纪初非常活跃的苏联科学家**康斯坦丁·齐奥尔科夫基斯**。他主张通过液体帮助火箭飞行，并提出了计算推进剂的喷射程度与火箭飞行速度的“**齐奥尔科夫基斯公式**”，为之后的火箭工程学奠定了基础。齐奥尔科夫基斯还深入钻研了分段式火箭、空间站、宇宙空间聚居地等技术，并留下了“**地球是人类的摇篮，但人类不会永远待在摇篮里**”这句名言。

飞机的飞行原理

下面我们来看一下飞机的飞行原理。与火箭不同，飞机必须有充足的空气才能飞行，所以在真空中或在空气稀薄的环境中是不能飞行的。飞机在起飞时需要先滑行一段时间，这是为了通过加速，使空气在机翼上产生足够强的风，且机翼上方的空气流速快，下方的空气流速慢。

那么机翼上下部的空气流速不同会如何呢？我们首先来了解一下“**伯努利定理**”：**流体（包括气流和水流）的流速越快，压强越小；流速越慢，压强越大**（伯努利定理可以用复杂而严密的公式来表示，此处只简单说明一下）。由于机翼上方的空气流速比下方快，所以在机翼上下方产生了压强差（下方的压强大于上方），推动飞机飞上蓝天。

上述解释或许会让读者感到疑惑：就这么简单？我高中时代的一位老师曾说："像飞机这样的大铁块按说是不可能飞上天的。关于这个问题，至今我的学生中没有一个能给出明确解释。"下面我们就做一个简单的计算，看看飞机是否真的能飞起来。

假设喷气式飞机的质量为 350 t 左右，机翼面积约 500 m^2（大约相当于 2 个网球场大）。飞机临起飞前的滑行时速为 250~300 km，机翼上下方会产生时速 250~300 km 的风。根据上面提到的原理，这时机翼上下方每平方厘米的面积上会产生约 70 g 的气压差（气压原本的单位是帕，简写为 Pa。但是它比较难理解，所以此处使用重量单位来表示），相当于承受着质量为 70 g 的物体的重力。

我们生活的环境中的气压大约为 1 个标准大气压。1 个标准大气压相当于在 1 cm^2 的面积上施加 1 kg 物体的重力。所以，飞机机翼上的气压差等于 1 个标准大气压的 7% 左右（$70\ g \div 1\ kg = 70\ g \div 1000\ g = 0.07 = 7\%$），如此小的气压差真的能使飞机飞上天吗？

接下来，我们计算一下施加在飞机机翼上的力。首先来看 1 m^2 面积上的力：$1\ m = 100\ cm$，$1\ m^2 = 100\ cm \times 100\ cm = 10000\ cm^2$，

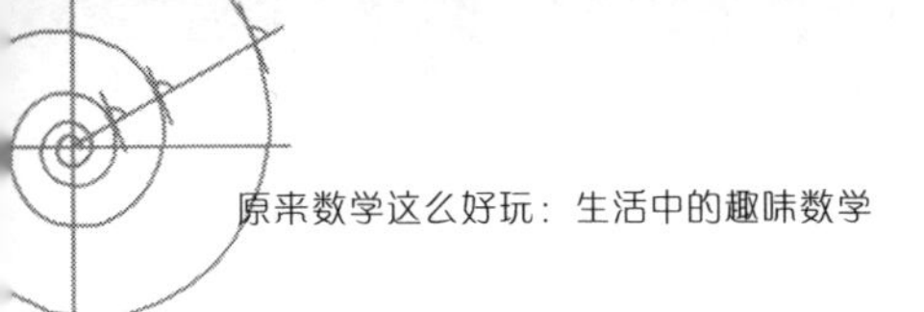

那么 1 m^2 面积上的力就是 70 g 物体的重力的 1 万倍，即 700000 g=700 kg 物体的重力。700 kg 约为 4 个相扑运动员的总质量。喷气式飞机的机翼面积大约是 500 m^2，将 700 kg 物体的重力扩大 500 倍：

$$700\ \text{kg}\times 500=350000\ \text{kg}=350\ \text{t}\ (1\ \text{t}=1000\ \text{kg}).$$

350 t 物体的重力足以帮助飞机飞上天。由此看来，很小的力量也可以汇聚成托起飞机的巨力。

3.6 能安全行驶的自动驾驶汽车

一家人出门自驾游时，长途驾驶是一项不轻的体力活。老婆和孩子玩累了可以在车上休息，老公却不得不彻夜开车。不过再过几十年，这样的情景极有可能成为历史。

自动驾驶汽车能够带人们去想去的地方，这梦一般的技术，如今正在逐渐变成现实。不仅特斯拉、丰田、福特等汽车制造商，连谷歌等 IT 企业也在投入巨资进行相关研发，全世界的“自动驾驶汽车”研究正如火如荼地进行着。

自动驾驶汽车依靠雷达传感器、激光测距仪和视频摄像头等部件来感知其他车辆。了解了周围的交通状况后，汽车在行驶过程中就能自动保持安全车距，当发现前方有行人或自行车等障碍物时，可以瞬间反应过来，从容应对。同时，车内安装的全球定位系统（global positioning system，简称 GPS）能实时获取汽车的准确位置，根据地图进行导航。

乍一看，读者或许会认为对于自动驾驶汽车来说，GPS

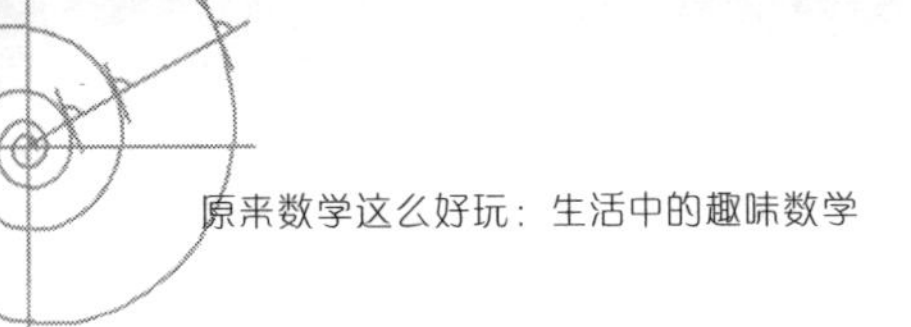

发出的定位信息是最重要的，但事实上并非如此。GPS 是一种通过卫星进行定位的无线电导航系统，可向地球上任何位置的 GPS 接受器提供地理位置信息。尽管这样，定位的误差还是难以避免的。车上装有导航的人可能有过这样的经历：导航上显示的位置与实际位置相差很大，你甚至会发现自己居然正行驶在海上。这一方面是因为 GPS 本身的精度有限，另一方面，当 GPS 与卫星之间的通信失败时，导航会根据汽车轮胎的运动信息等来推测车辆的当前位置。

由此看来，自动驾驶汽车光有导航系统是远远不够的。如果自动驾驶汽车单纯依靠 GPS 来行驶，那就是极危险的。因此，对于自动驾驶汽车来说，GPS 只是一个辅助工具，要得到准确的定位信息，还要依靠车上的感应装置。

用“PDCA”来理解自动驾驶

值得注意的是，感应装置也不是万能的，也存在定位误差，所以其提供的位置信息不可全信。在实际行驶中，仅仅几厘米的误差也可能酿成重大交通事故。因此，我们在每台自动驾驶汽车上都搭载了人工智能（artificial intelligence，简称 AI）技术，AI 可以结合感应装置提供的信息和其自身的判断来得到当前汽车的精确位置。

自动驾驶汽车使用AI技术就像企业家拓展业务一样，使汽车处于有计划的驾驶状态。在大企业工作过或自主创业的人肯定都听过“PDCA循环”一词。这是一种通过“P=Plan（计划）→D=Do（实施）→C=Check（检查）→A=Act（处理）”的循环过程来保障业务推进的质量管理体系，它起源于美国，后来在全世界被广泛运用。如果把自动驾驶汽车的AI技术看作根据PDCA循环来运行的，就可以简单明了地演绎自动驾驶功能的工作原理，如图3–15所示。

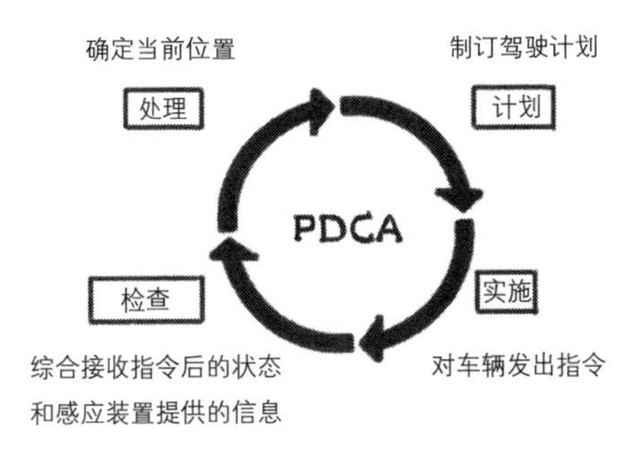

图3–15 自动驾驶汽车的工作原理

首先，AI技术根据汽车当前的位置制订驾驶计划。例如，如果当前汽车即将越线逆行，AI就会制订改变行驶方向、回归正确车道的驾驶计划；接下来就是实施这一计划；然后，结合汽车之前的位置信息和驾驶计划，判断当前的位置。例如，执行了远离对向车线方向30 cm的驾驶计划后，当前位置应在距离之前位置约30 cm处。

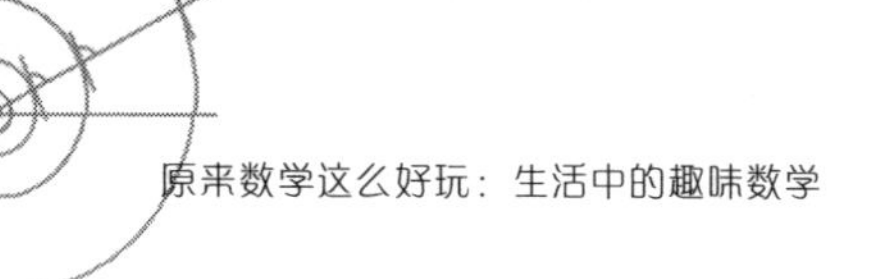

这里需要注意一个问题，既然位置信息来自感应装置和GPS信号，而二者都可能存在误差，那么AI对当前位置的判断就可能不准确。例如，一旦感应装置受到干扰，就会出现无法完全确定当前位置的情况，如图3–16所示。况且车辆本身在行驶时也会产生误差，虽然汽车接收到的是移动30 cm的指令，但实际移动距离可能是31 cm或29 cm，由此判断的汽车最新位置也会变模糊。在图3–16中，表示“车辆可能在这里”的标识出现的概率也相应地提高了。

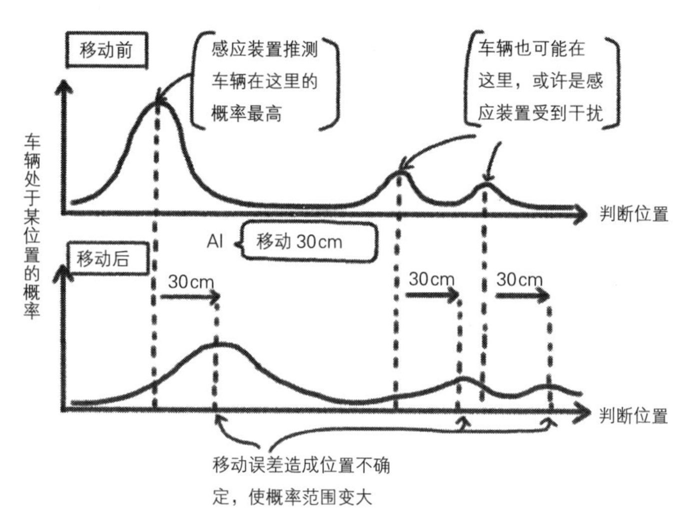

图3–16　感应装置受到干扰对判断车辆所在位置的影响

因此，AI技术会在汽车移动后，综合感应装置发来的新信息和内部计算装置推断的汽车位置，进行对比，从而更新判断，这相当于“检查（Check）—处理（Act）”的过程。这个过程应用了**“贝叶斯定理”**。

贝叶斯定理是由18世纪英国数学家托马斯·贝叶斯发现的，是一种根据新数据进行合理推论的数学理论，是统计学领域非常重要的定理。当然，贝叶斯定理在其他领域也被广泛应用，自动驾驶汽车就应用了这个定理，根据感应装置提供的数据更新汽车所在位置。它的原理非常简单，只需根据AI技术的推断和感应装置提供的位置信息，分别画出概率波峰并相乘即可。当AI技术的推断与感应装置提供的信息一致时，波峰就会变高；二者不一致时，波峰就会变低。通过这种方式可以找到可能性最高的位置。也就是说，**AI技术和感应装置的信息一致的点，被视为汽车当前的位置**。

可以说，贝叶斯定理是利用计算机来模仿人类的学习过程。例如，在对新产品的销售额做预测时，我们通常会先根据现有资料信息做一个预估，然后再依照指定店铺的预售结果来修正之前的预估。类似地，自动驾驶汽车使用的AI技术也是在进行预测之后，结合来自感应装置的信息，对之前的预测结果进行不断的修正。

应用贝叶斯定理的自动驾驶技术

贝叶斯定理是一个理论的名字，它的实际应用方法有很多。用于自动驾驶技术的有直方图滤波定位、卡尔曼滤波定位、粒子滤波定位等方法，它们各有特点，需要根据具体情况来选择，但都是以贝叶斯定理为基础的。

直方图滤波定位法是将地面划为格子状，对每个区域逐一进行概率相乘，如图 3–17 所示。这种方法比较容易理解，但是如果想提高准确度，就需要把格子进一步细化，这样一

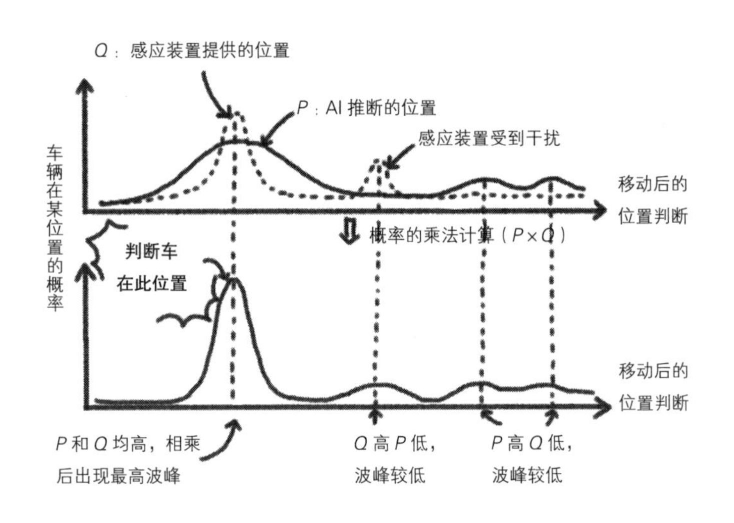

图 3–17　根据贝叶斯定理判断车辆位置

来计算量势必大增，导致计算时间变长。

卡尔曼滤波定位法假定车辆处于当前位置的概率呈正态分布，即左右对称的钟形。使用这个方法时不需要考虑概率的分布，因而可以高效处理数据。但是，由于这种方法忽略了概率分布的不均，一律视为正态分布，所以在正确性方面稍为逊色。

粒子滤波定位法是根据推断的概率分布来进行大规模模拟的方法。首先在计算机中做出无数汽车的数据分身（粒子）来模拟汽车的行驶情况，然后将大多数粒子的平均位置视为现实生活中汽车的实际位置。如果使用这个方法，即使出现概率分布不均或因感应器受到干扰而出现多个概率波峰等情况，也可以在实际计算时将它们都考虑进去。但是，这种方法计算量会比较大。

也就是说，正确性和计算速度是无法兼顾的。因此我们需要根据实际情况选择合适的方法。有了上述方法，加上反复进行 PDCA 循环，自动驾驶汽车就能很安全地行驶了。需要注意的是，自动驾驶汽车中使用的 AI 技术，永远不可能知道车辆的“真正位置”，因为 GPS 和感应装置再怎么精确定位，也不可能消除误差。因此，自动驾驶汽车本质上还是基于 AI 技术的“推论”来行驶的。

由此看来，就算今后自动驾驶汽车普及了，想达到零事故驾驶，仍然非常困难。哪怕自动驾驶每年的交通事故发生率仅为万分之一，如果有一亿辆车在行驶，就会发生 1 万次交通事故。当然，感应装置和 GPS 的精度还会不断提高，但机械设备总归无法完美。

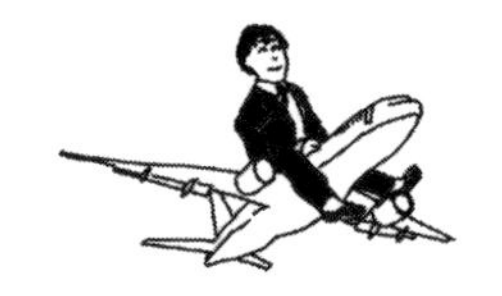

第4章

无限大的数

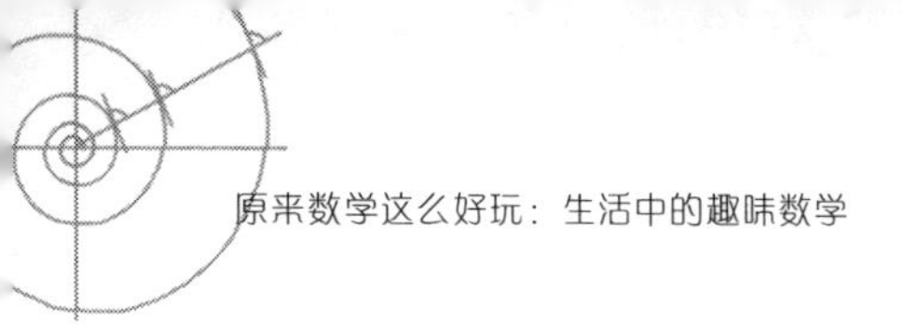

阿基米德曾想过，如果用沙子填满整个宇宙，需要多少粒？

这，会是一个怎样的数？

1亿？1万亿？……不，是比这大得多的数。

麻省理工学院的迈克斯·泰格马克教授说，在遥远的宇宙中，有一个和地球一模一样的星球，还有一个一模一样的你生活在那里。

而那个一模一样的你又在多遥远的地方呢？

1万亿千米？1000万亿千米？……不，是比这远太多的地方。

同父同母的孩子遗传基因究竟有多少种组合方式？

将棋、国际象棋的行棋招数又有多少种？

要回答这些问题，就得用到日常生活中没有的、无比巨大的数。

而这些不可思议的大数，自古以来就让人类着迷。

IT企业巨头谷歌公司的名称，来自一个9岁男孩发明的超级大数。

无论多么巨大的数，都会有比它更大的，也就是“无限”。

事实上，“无限”也不能一概而论。

数中的“无限”，形形色色。

无限当中还有大小，既有无限大，也有无限小。

虽然这么说不够明了，不过——“无限的大小是无限的”。

在本章的最后，有我发给大家的一篇密文。

请尝试解开它，获取其中的秘密信息。

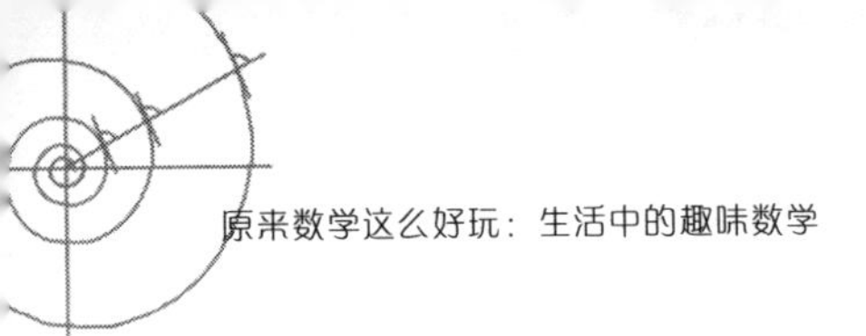

4.1 计数单位

大家从出生到现在接触过很多数吧，还记得其中最大的是哪个、最小的是哪个吗？美国富豪们的家产可以达到十几万亿日元，日本的国家预算大约为100万亿日元。日常生活中能看到的最大的数，也就这么大了。但是，总会有一些领域有机会接触更大的数。例如，化学中将12克碳中含有的碳原子数称为“阿伏伽德罗常数”，约为6000垓，这个数在计算与化学反应相关的数据时作用相当大。“垓”是指在1后面加20个零的计数单位。我们知道，比亿大的计数单位是万亿，然后是京、垓。

超级大的数的计数法

人类的认知能力是有限的，据说可以一眼判断的数最多只有几位数而已。所以，如果用十进制表示一个超级大的数，

0 的个数会特别多，一下子很难数清究竟有多少位。因此通常会用更为简便的**“科学计数法”**。所谓科学计数法不是数字中有多少 0 就写多少 0，而是以“$10^{\text{位数}}$”的形式来表示。例如，“那由他”是一个非常大的计数单位，表示 1 后有 60 个零，我们分别用普通计数法和科学计数法表示这个数，如表 4.1 所示。

表 4–1　分别用普通计数法和科学计数法表示那由他

计数单位	普通计数法	科学计数法
那由他	1000000000000000000000000000000000000000 000000000000000000000	10^{60}

普通计数法和科学计数法哪种更便捷，一目了然。所以，1 那由他 $=10^{60}$，3 那由他 $=3\times10^{60}$，8 那由他 3562 阿僧祇 $=8.3562\times10^{60}$。科学计数法比汉字更简洁明了，计算起来也更快。因此，我们通常采用它来表示超级大的数。

同理，要表示超级小的数，也可以采用科学计数法。例如，1 以下的小数用科学计数法表示是这样的：

$$0.1=\frac{1}{10}=\frac{1}{10^{1}}=10^{-1}\ ;$$

$$0.00001=\frac{1}{100000}=\frac{1}{10^{5}}=10^{-5}.$$

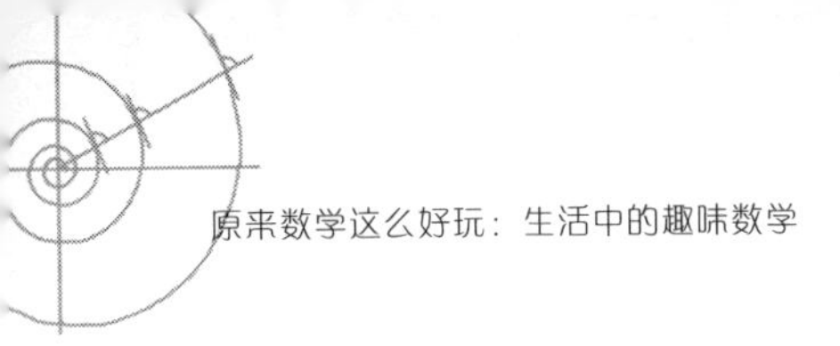

可以看出，只要在指数的位置加上负号就可以了。例如，$\underbrace{0.0000\cdots1}_{22个0}$ 是一个 1 的前面有 22 个零的超级小的数，相应的计数单位为“阿赖耶”。我们也分别用普通计数法和科学计数法表示这个数，如表 4–2 所示。

表 4–2　分别用普通计数法和科学计数法表示阿赖耶

计数单位	普通计数法	科学计数法
阿赖耶	0.0000000000000000000001	10^{-22}

显然，相较于普通计数法，科学计数法更加简洁。物理学中测量原子等的微小结构时使用的长度单位是**“埃（Å）”**，1 Å=10^{-10} 米，其相当于 1 毫米（10^{-3} 米）的千万分之一。

本章将介绍一些超级大的数，所以相对于普通的计数单位，科学计数法的使用将会变得很频繁。如果很难想象它们的大小，可以参考一下表 4–3 和 4–4。这样应该会更容易把握，例如 1 万亿等于 10^{12}。

表 4–3　大数的计数单位

十	10^{1}	沟	10^{32}
百	10^{2}	涧	10^{36}
千	10^{3}	正	10^{40}
万	10^{4}	载	10^{44}
亿	10^{8}	极	10^{48}
万亿	10^{12}	恒河沙	10^{52}
京	10^{16}	阿僧祇	10^{56}
垓	10^{20}	那由他	10^{60}
秭	10^{24}	不可思议	10^{64}
穰	10^{28}	无量	10^{68}

表 4–4　小数的计数单位

分	10^{-1}	模糊	10^{-13}
厘	10^{-2}	逡巡	10^{-14}
毫	10^{-3}	须臾（飞）	10^{-15}
丝	10^{-4}	瞬息	10^{-16}
忽	10^{-5}	弹指	10^{-17}
微	10^{-6}	刹那（阿）	10^{-18}
纤	10^{-7}	六德	10^{-19}
沙	10^{-8}	虚空	10^{-20}
尘（奈、纳）	10^{-9}	清净（仄）	10^{-21}
埃	10^{-10}	阿赖耶	10^{-22}
渺	10^{-11}	阿摩罗	10^{-23}
漠（皮）	10^{-12}	涅槃寂静（攸）	10^{-24}

4.2 将棋*的行棋招数

大家会下将棋、国际象棋和围棋吗？将棋、国际象棋和围棋等都属于益智性棋类游戏，自古以来深受人们的喜爱。各种棋的行棋招数不计其数，曾经被认为是人类智慧的代表，但近年来，计算机棋手击败人类棋手的消息频出，有关 AI 威胁论的文章也随处可见。

尽管如此，还是想问一下，在实际对弈中各种棋类的行棋招数分别有多少种？据统计，**一局将棋的平均手数大约为 115 手，每手棋的走法大概为 80 种**，那么全部的行棋招数就是 80^{115} 种。这个数约等于在 1 的后面加 220 个 0（10^{220}）表示的数。顺便说一下，据说将棋天才羽生善治在一局棋中，每下一手前脑海中都会浮现 80 种走法，还能瞬间淘汰不合适的，从中选出最适合的 2~3 种走法，深思熟虑后落棋。他选

---

* 将棋，一种流行于日本的棋盘游戏。棋盘由 9 × 9 的方格组成，棋子共 40 枚，每方各 20 枚。将棋的玩法与中国象棋相似，不过在开局配置、棋子走法等方面均有不同。

择走哪步棋虽然是凭直觉判断的，但也是从大脑中记录的大量博弈布局中快速提取出的最有希望的一步。

人机博弈的序幕已经拉开

信息论之父**克劳德·香农**是第一个对棋类游戏的招数进行学术讨论的人。在 1950 年撰写的一篇论文中，他阐述了国际象棋的人机博弈。首先，他估算了一共有多少种可能的行棋招数。一局传统比赛中有 30 手常规走法，结束前共可以走 40 手。

需要注意的是，将棋与国际象棋在棋步的数法上是不同的。**将棋是先走的人一手，接着后走的人一手，两手合起来算一个回合。而国际象棋则是先走与后走合起来算一手，一手算一个回合**。也就是说，国际象棋的每一手中都含有两次落棋动作，国际象棋的 40 手相当于将棋的 80 手。所以，全部走法大约是 30^{80}（约 10^{120}）种，这个数又称**“香农数”**。

香农发现，盘面的总数实在太多，甚至连计算机也不能找出全部。所以他主张为盘面可能出现的好坏状态赋予一个评估值，找出失败的最大可能性中的最小值（即极大极小值算法）。也就是说，**按照把失败的损失尽量减少到最小的原则来落棋就可以了。**

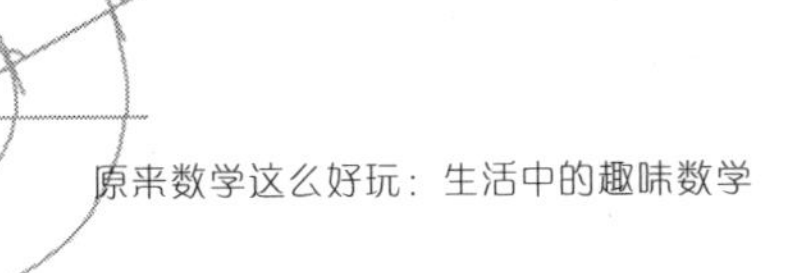

国际象棋的行棋招数（10^{120}）比将棋（10^{220}）要少很多。当然，这两个数都是近似值，如果计算的条件发生变化，结果也会变，但国际象棋的行棋招数少于将棋仍然是不争的事实，所以计算机棋手战胜专业棋手首先是在国际象棋上实现的。1997 年，由 IBM 研发的国际象棋专用超级电脑“深蓝”，击败了国际象棋世界冠军加里·卡斯帕罗夫，轰动了全世界。

将棋的计算机棋手也在一直追赶着职业棋手。东京大学将棋部的学生山本一成在读期间被校方留级了一年。这一年，为了克服不擅长计算机操作的缺点，他开始研发电脑将棋软件，随后开发出了擅长下将棋的“PONANZA”。刚开始，计算机连他自己都无法战胜，后来计算机逐渐增强实力，还在 2013 年第二轮将棋电王战中，与将棋代表人物佐藤慎一四段打了平手（不让子）。

以上我们讨论的是将棋与国际象棋的人机博弈，相较于这两种棋，围棋人机博弈要复杂得多。因为围棋每一手的可能性的平均数比将棋和国际象棋都多，大约有 250 种。一局围棋从开始到结束的手数因人而异，专业棋手一般为 100~200 手，对应的行棋招数的平均值可以达到 250^{150} 种，也就是约 10^{360} 种。所以人们认为，面对如此复杂的情况，计算机棋手想战胜人类棋手还需要很长时间。但就在 2015 年，谷歌旗下的 DeepMind（深度思考）团队开发的围棋程序 AlphaGo

（阿尔法狗）击败了职业棋手，成了近几年人工智能领域的里程碑事件。之后，AlphaGo 在与人类博弈中一直保持领先。2016 年，韩国棋院授予 AlphaGo 名誉九段称号，使得计算机棋手首次成为围棋界的职业棋手。

棋界丑闻

随着各类计算机棋手的水平不断提高，利用计算机进行作弊的丑闻时有发生。2002 年，在德国兰佩特海姆举行的国际象棋公开赛上，一位在博弈期间频繁上厕所的可疑棋手被提出了申诉。一名主办方工作人员随即尾随这名棋手到了洗手间。开始时隔着门并没有听到异样的声音，后来这名工作人员弯腰时发现，该棋手脚尖朝着墙壁，好像没有坐在马桶上。工作人员随后站到了隔壁间的马桶上，发现该棋手正在使用微型计算机上的国际象棋软件。该棋手当即被逮捕，但是他矢口否认作弊一事，表示自己只是在用计算机收发邮件，并且拒绝交出计算机。最终，这位棋手被大赛取消了参赛资格。

在 2006 年印度国际象棋淘汰赛上，棋手乌马坎特·夏尔马将蓝牙通信设备藏在了帽子里，通过共犯经计算机分析后发来的提示下棋。他的对局记录比历史战绩好太多，这引起了主办方的注意。与此同时，不止一位参赛棋手称夏尔马的

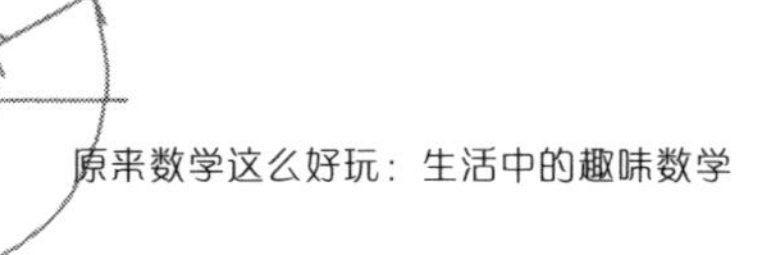

行棋方式与计算机的推荐如出一辙。后来到第七轮比赛时，印度空军介入调查，利用金属探测仪发现了夏尔马藏在帽子中的通信设备。经过详细调查之后，夏尔马受到了禁赛 10 年的处罚。

上述两起作弊事件，让人觉得实在过分，但也不得不感叹国际象棋的人气之旺盛。其实，在棋类竞技赛中，每年都会有丑闻发生，其中不乏职业棋手的犯规事件。在 2015 年迪拜公开赛上，格鲁吉亚国际特级大师（国际象棋最高级别）盖奥兹·尼加利兹在洗手间使用智能手机上的国际象棋系统时被发现。当天，每到关键时刻盖奥兹总会借口去洗手间，这种频繁离开赛场的非正常行为引起了对方棋手的强烈不满。后来主办方调查后确认，洗手间的马桶后面藏着一部智能手机和一副耳机。于是，盖奥兹国际特级大师的称号被免去，还受到了禁赛 3 年的处罚。

羽生善治在 2015 年曾说，现在的计算机就像牙买加的田径选手博尔特，但是数年后，它将是一辆 F1 赛车。到那时，或许人类不用再去考虑与人工智能对抗了。顺便提一下，1996 年的将棋年鉴中收录了一份问卷调查：“你认为计算机棋手什么时候会击败职业棋手？”当时，多数人的答案都是再过 100 年或者永远不可能，而羽生善治的回答是——2015 年。天才就是天才，对时代发展的洞察力和常人就是不同！

4.3 Google 的词源是一个超级大的数

不可思议的大数自古以来就吸引着人们的好奇心。古希腊数学家阿基米德在他的著作《数沙者》(*The Sand Reckoner*)中，曾计算出填满整个宇宙需要的沙粒数量。据阿基米德的结论，共需要 10^{63} 粒，这是一个 1 后面有 63 个 0 的超级大的数。

值得注意的是，阿基米德眼中的“宇宙”与我们现在所知的宇宙在概念上是不同的。当时的主流学说是“地心说”，认为太阳、月亮和其他星球都是绕着地球转动的。所以，**阿基米德所谓的宇宙是指以地球到太阳的距离为半径的球体空间，他计算的正是要填满这个空间所需的沙粒数**。他的目的是告诉当时的国王，也就是亥尼洛，虽然填满宇宙需要的沙粒数是一个超级大的数，但也是可以计算的。而亥尼洛的观点是宇宙中可以放入无数颗沙粒。

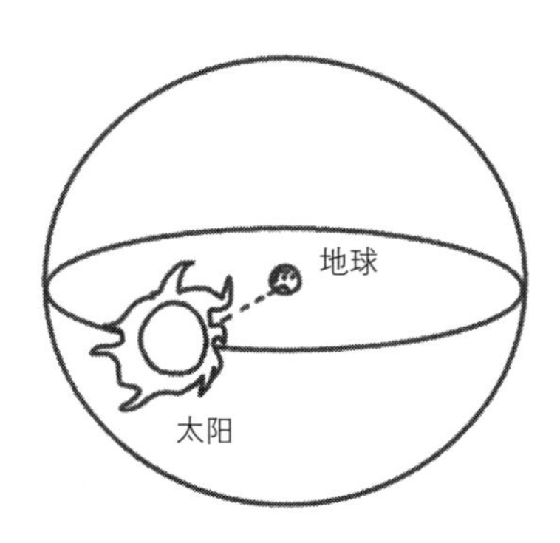

图 4–1　阿基米德眼中的宇宙

阿基米德参考了当时的天文学说，推测地球到太阳的距离不足 100 亿斯塔迪亚（斯塔迪亚是古希腊长度单位，100 亿斯塔迪亚约等于 18 亿千米）。现在我们知道，地球到太阳的距离是 1 亿 4 960 万千米，所以阿基米德的推测也算不错了。在那个连望远镜都没有、信息匮乏的年代，能将误差控制在 10 倍左右，已经十分不容易了。不仅如此，他还计算出如果用半径为 18 μm（微米）左右的沙粒填满宇宙，共需要约 10^{63} 粒。

阿基米德特别喜欢大数，虽然当时最大的计数单位是“亿”，但他还在研究更大的计数单位。如果换成用现代计数单位表示的话，阿基米德当时研究的最大的数是“1 亿的 1 京次方”，也就是 1 后面加 8 京个零表示的数，这是一个无比巨大的数，即使在科技发达的今天也很难遇到。但是，越是这种看起来没什么用处的大数，阿基米德越是有兴趣研究。

在自然科学和数学领域中，不断地有令人难以置信的大数出现。在化学领域的计算中，经常会用到**阿伏伽德罗常数**。阿伏伽德罗常数表示的是 **12 克碳中包含的碳原子个数**，大约为 6.022×10^{23} 个，也就是差不多 6000 垓个。根据英国天文学家**亚瑟・斯坦利・爱丁顿**的推测，宇宙中的质子总数约为 136×2^{256} 个（约 10^{79} 个），这是一个比无量（10^{68}）还要多 11 位的超级大的数。

另一个地球

麻省理工学院的**迈克斯・泰格马克教授**认为，在距离地球 10 的“10 的 118 次方”次方米的地方，有一个跟地球一模一样的星球，上面住着跟我们一模一样的人。不要以为这是一个玩笑，它是以物理学为基础提出的假说。所有物质都是由原子构成的，而原子排列方式的不同造就了人的不同。但原子的排列方式是有限的，而且**宇宙那么大，完全有可能存在跟我们的排列方式相同的物质**。按照泰格马克教授的说法，在 10 的“10 的 118 次方”次方米之外，能就找到我们的翻版。这个 1 后面有 10^{118} 个零的数，如果不用科学计数法记录，在这本书里都写不完。不仅如此，就算将全世界的墨水

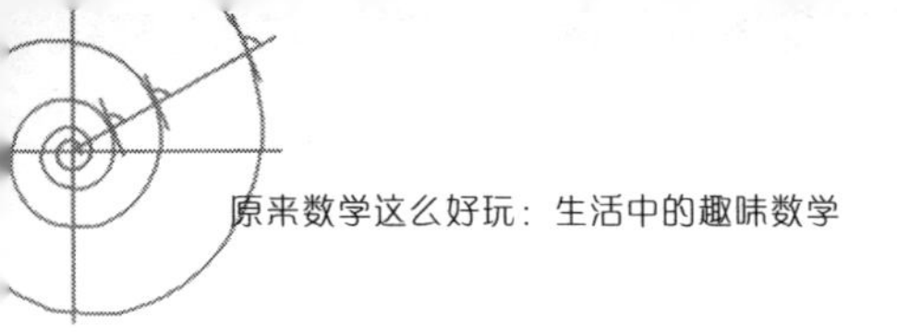

都用完，可能也无法将它写全。

目前为止讲到的数，都是有一定意义的。但是，也存在一些没有实际意义的数，它们就是根据理论提出的超级大的数，如**“古戈尔（googol）”**。古戈尔在数值上等于**10 的 100 次方**，即 1 后面有 100 个零，用普通计数法书写如下：

10 000 000 000 000 000 000 000 000 000 000 000 000 000 000 000 000 000 000 000 000 000 000 000 000 000 000 000 000 000 000 000 000 000 000 000 000.

人们将 10 的 1 古戈尔次方，即 10 的 10^{100} 次方称为“古戈尔普勒克斯（googolplex）”。古戈尔和古戈尔普勒克斯对数学和自然科学既没有特别的意义，也没有特别的用途，只不过因为它们比较好记、名字听起来比较酷而广为人知。但是，它可以作为认知超级大的数的一个比较基准。例如，“一个粒子的质量”与“所有能观测到的宇宙物质的质量总和”之比，大约为 100 亿分之 1 古戈尔。前文讲到的泰格马克教授提出的另一个地球的最远距离是 10 的“10^{18} 古戈尔”次方米，也可以说成 10 的 100 京古戈尔次方米。

来自一名九岁男孩的金点子

古戈尔一词是由美国数学家**爱德华·卡斯纳**九岁的侄子**米尔顿·西罗蒂**提出的。当时，卡斯纳想提高孩子们对数学的兴趣，就让他们为 10 的 100 次方这个数取一个令人印象深刻的名字。在卡斯纳的著作《数学和想象》（*Mathematics and the Imagination*）中，记录了这个故事：

孩子们的思维远比科学家们的思维更有发散性。我在向孩子们征集 10 的 100 次方这个超级大的数的名字的时候，我九岁的侄子西罗蒂当即认为，这个数不是无限大的，它的确应该有自己的名字。随后，西罗蒂给这个数字取名"**古戈尔**"，还根据古戈尔派生出了"**古戈尔普勒克斯**"作为更大的数的名字。在我的侄子看来，古戈尔普勒克斯就是 1 后面有"写到手酸"个 0 的超级大的数。但是，究竟写到手酸时能写多少个 0，是因人而异的。因此，我们还是应该给古戈尔普勒克斯一个准确的定义。于是，1 后面有 1 古戈尔个零的数字就是"古戈尔普勒克斯"了。这个数如此之大，就算两个 0 之间仅隔 1 英寸，写到宇宙的尽头也写不完吧。

据说，IT 行业巨头谷歌（Google）公司的名称来自对古

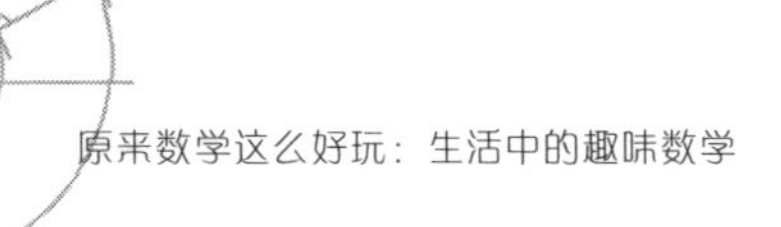

戈尔（googol）一词的错误拼写。谷歌创始人拉里·佩奇和谢尔盖·布林开发的搜索引擎最初名为“BackRub”（网络爬虫）。1997年9月，拉里和同事们计划为这个搜索引擎取一个新名字。他一边在白板上记录着大家想出的名字，一边试图想出一个更好的、与“海量数据索引”这个功能相关的名字。这时，一位名叫肖恩·安德森的同事说：“googolplex（古戈尔普勒克斯）这个名字怎么样？”（代表在互联网上可以获得的海量资源）拉里听了觉得还不错，但是有些长，就说：“还是叫googol（古戈尔）吧。”当时肖恩正坐在电脑前面，听到拉里的话立刻在互联网域名注册数据库中进行检索，查看这个新名字是否被注册或使用过。但是，肖恩犯了一个严重的错误，他在搜索时写成了“google.com”，并且发现这个域名可以使用。而拉里十分喜欢这个名字，于是“google.com”就成了谷歌的域名。

顺便说一下，谷歌总部位于美国加州圣克拉拉县的山景市，这座城市有着古戈尔普勒克斯之称。想不到，一位九岁男孩提出的金点子竟然经数学家之手变得家喻户晓，甚至成为IT巨头的公司名，或许这可以算是某种意义上的美国梦吧。

4.4 同父同母的孩子容貌、性格却不同

大家在生活中有接触过双胞胎或三胞胎吗？一般情况下，同卵的双胞胎不仅容貌、个性，连对疾病的易感性都十分相似。这是由于他们有相同的基因，因此各种特性极为相似。但是，不同卵的双胞胎、三胞胎或不是双胞胎的人，看上去差别比较明显。这似乎是一件很正常的事情，不过仔细想一下，还是会觉得有些不可思议。

孩子长得像父母，是因为他们有来自父母的遗传基因。而且**孩子身上的基因，一半来自父亲，另一半来自母亲**，相当于一个基因组合体。所以孩子通常眼睛像父亲、嘴巴像母亲，或外表像父亲、性格像母亲……那么，为什么同父同母的兄弟姐妹的外表、性格相差很大呢？如果每个孩子都继承了父母各一半的基因，那他们的基因不是应该相同吗？

为了解开这个谜团，我们有必要考虑一下所谓遗传因子各占一半的组合体具体是什么。首先要告诉大家，**“一半一**

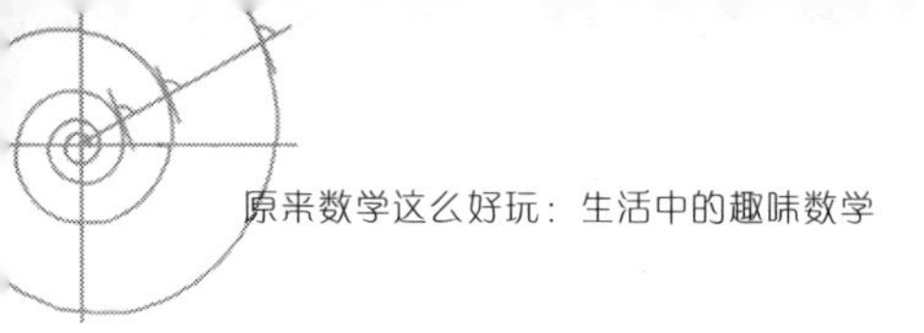

半”的组合方式有着令人难以置信的、庞大的可能性，而这与孩子的个性有着密切的联系。

染色体组的概念

接下来，我们了解一下基因是如何进行组合的。人体的遗传信息（与生长发育、遗传和变异有关的信息）的载体统称为“**染色体组**”。例如，一个人之所以是自己而不是别人，就因为他的染色体组有别于他人。

染色体组中的单体是“染色体”。染色体形如毛毛虫，又细又长。如果将它们放大，仔细观察其结构就会发现，它们之间是由像毛发一样的、细细的线状物质紧密相连的，这些线状物质就是**脱氧核糖核酸（deoxyribonucleic acid，简称DNA）**，DNA 具有存储生物遗传信息的功能。DNA 是由四种被称为“碱基”的物质像锁链一样连接在一起的，而这些碱基的排列顺序就是 DNA 中的遗传信息。人类染色体组的构造如图 4–2 所示。

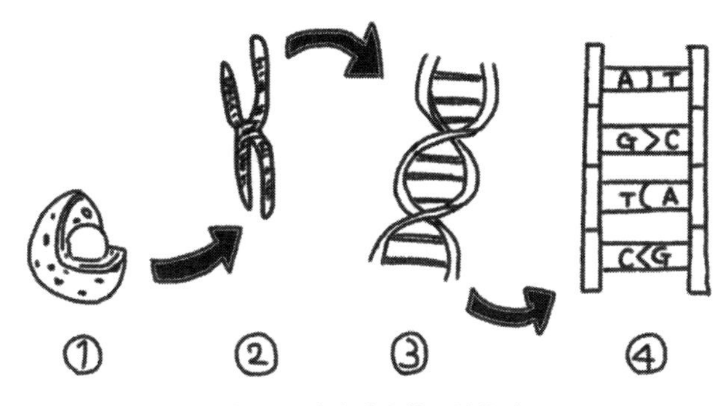

图 4-2　人类染色体组的构造

其各组成结构如下：

①细胞核。人类的细胞核中有 23 对（46 条）染色体。

②染色体。DNA 在染色体中呈折叠状态排列。

③ DNA。上面的碱基对如梯子般彼此相连，整体呈双螺旋结构。

④碱基对。人类的碱基对（鸟嘌呤［G］和胞嘧啶［C］、腺嘌呤［A］和胸腺嘧啶［T］）约有 30 亿对，记录了海量的遗传信息。

如果将人类 1 个体细胞核中所有的 DNA 连接起来，大约有 2 米长。如果这些 DNA 不折叠起来，细胞核中根本无法容纳。因此，DNA 被分在一个个染色体中，折成小单位。人类体细胞的细胞核中一共有 **46 条染色体**，它们两两成对，构成 **23 个染色体组**。

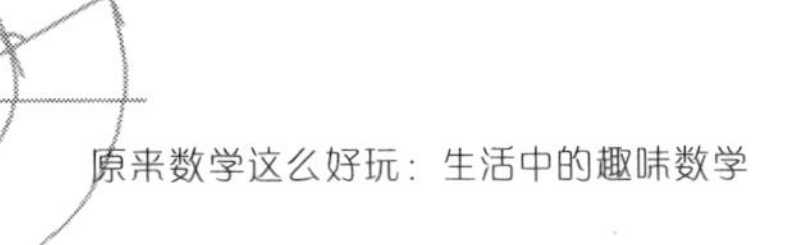

成对的两条染色体被称为“同源染色体”。同源染色体有着相同的基因位点。也就是说，它们中记录的遗传信息是成对的。当人体受到化学物质或放射性物质的影响时，如果其中一条染色体受到损害，只要它的同源染色体无恙，人的身体机能就不会下降。讲得再明白点就是，细胞中的DNA有时会受到化学物质或放射性物质的损害，但由于同源染色体有着相同的机能，并且碱基的排列也非常近似，所以**如果一方受到损害，另一方会迅速修复它**，这就是所谓的**“同源重组”（又称基因转换）**。换句话说，人体因为有同源染色体，才减少了遗传基因的变异，保障了个体的生存。

无限的多样性

同源染色体还有一个非常重要的作用：**让出生的孩子在染色体组上有多种可能性**。每个人的生命都始于受精卵，受精卵是父亲的精子和母亲的卵子结合的产物。精子和卵子与人体的其他细胞（体细胞）不同，它们各自只有23条染色体。由于孩子和父母一样，体细胞中必有46条染色体，而精子和卵子各带23条染色体，所以受精卵中就有46条染色体了。前后的数量是一致的。

人体在产生精子或卵子的时候，会从原有的46条染色体中选出 23 条。因此，23 对同源染色体中的每一对都会被随机选出一条，共同构成一个包含 23 条染色体的染色体组合。

那么问题来了，受精卵中的染色体组合的构成方式一共有多少种？请大家在继续阅读下文之前，先思考一下这个问题。

首先，我们考虑一下母亲方。从一对同源染色体中选出一条染色体的方法只有 2 种，而同源染色体共有 23 对，因此全部的选取方法共有“2（从第一对中选的方法数）×2（从第二对中选的方法数）×…×2（从第 23 对中选的方法数）”，如果用科学计数法表示，共有 2^{23} 种，也就是 8388608 种。

由于孩子的基因有一半来自父亲，所以父亲方也要考虑。父亲方的染色体选择方式与母亲方是一样的，也有 2^{23} 种，即 8388608 种。那么精子和卵子结合后形成的受精卵中的染色体组合有多少种呢？计算方法是将从父亲那里继承来的 2^{23} 种染色体组合和从母亲那里继承来的 2^{23} 种染色体组合再进行组合，也就是：

$$2^{23} \times 2^{23}=2^{46}=8388608 \times 8388608=70368744177664.$$

想不到种类竟然居然超过了 70 万亿。

但是，现在下结论为时太早。一对夫妻生出的孩子的染色体组绝不仅仅有 70 万亿种可能性，而是比这个数大得多。正如上文提到的，**精子和卵子结合后形成的新同源染色体，会因为前面提到的同源重组（或称基因转换）而交换一部分碱基序列，产生和父母中任意一方都不同的碱基排列**。虽然同源染色体上基因的碱基排列彼此相似，但并非完全一样，有一部分是不同的。所以，通过交换会出现和父亲母亲都不同的碱基排列。尽管同源重组通常用于修复受损的基因，但在传宗接代时，在增加染色体组合的多样性方面也是非常活跃的。

综上所述，孩子染色体组的模式可以用“无限”来形容，正因为如此，才保证了生物遗传基因的多样性。当我们将生物看作一个体系时，会觉得它真的非常完美。

人类在开发程序时，那些方式极简却能满足特定要求的设计，往往被认为是优秀的。生物的同源基因体系同时满足了“抑制基因突变”和“确保遗传多样性”的双重要求，如此完美的设计简直让所有的技术人员和程序设计师佩服得五体投地。大自然才是最伟大的老师！

4.5 无限也有大小之分

在本章中，我们了解了许多超级大的数。但是这些数都是有限数。事实上，还有许多比这些超级大的数更大的数。下面我们就来探究一下比古戈尔、香农数更大的“无限”。“无限”这个词给人的第一印象是不会输给任何人，然而事实并非如此。无限也分大小，如无限大和无限小。就像贵族（无限数）与平民（有限数）相比有很强的优越感，但是在皇室中，他们也分三六九等。

“无限”这个概念十分抽象，甚至很难让人联想到它有大小之分。例如，“偶数集”和“实数集”都有无限个元素，那么究竟哪个集合更大呢？我们一下子很难回答这个问题，接下来让我们一起来分析一下。方法很简单，关键在于**能不能给集合中每个特定元素编号**。例如，对于“偶数集”，可以这样编号：

2,	4,	6,	8,	10,	12,	14,	16, …
↑	↑	↑	↑	↑	↑	↑	↑
1号	2号	3号	4号	5号	6号	7号	8号

当然，集合中的元素有无限个，我们不可能一个一个数，必须制订一个编号规则。如果将“偶数 x”用“$x/2$ 号”来表示，那么所有的偶数都将有自己的编号。可以通过制订编号来计数的无限集合被称为“**可数无限集合**”。“可数”按字面意思来理解就是“可以计数”。其他无限集合，如“奇数集”（1,3,5,7,…），“整数集”（…，–2,–1,0,1,2,…）等，都可以通过一定的规则来编号，所以都是可数无限集合。

接下来我们看一下实数集。实数比自然数和整数的概念更广，它还包括小数，如 1.3435443 等。并且，类似 π（圆周率）和 e（自然常数）这种小数点后有无限位数的无理数也是实数。我们无法为实数集中的所有元素编号，因为无论多么相近的两个实数之间都有另一个实数。例如，3.14159265 和 3.14159266 之间还有 3.141592655 等实数。像这种无法进行编号的无限集合被称为“**不可数无限集合**”。为了更严谨，我们可以用“康托对角线法”来证明不可数的无限，然而这是一个复杂的数学论证，这里就不深入展开了。

空荡荡、满当当

如果要比较“多少”的话，肯定是**不可数无限集合中的元素多于可数无限集合**。因为不可数无限集合中的元素多到无法编号。最初发现**无限集合有大小之分**的人是德国数学家**康托**。

在第二章中，我们曾提到过实数分为有理数和无理数。有理数是可以用分数表示的数，并且分数○/△中的分子（○）和分母（△）都是整数。

既然有理数可以由整数（可数无限集合）组合而成，那么有理数集合应该属于可数无限集合。也就是说，虽然实数集合属于不可数无限集合，但它的子集，也就是有理数集合应该是可数无限集合。

那么无理数集合是一个怎样的概念呢？答案是：它是一个不可数无限集合。因为如果无理数集合是一个可数无限集合，那么它与有理数集合（可数无限集合）的集合（实数集合）也应该是可数无限集合。但实数集合是不可数无限集合，岂不是自相矛盾？由此可知，无理数集合一定是不可数无限集合。

提起有理数，我们脑海中浮现的是诸如$\frac{1}{3}$、$\frac{1}{5}$、$\frac{1}{100}$的一连串数，而提起无理数时，通常只有 π 、e、$\sqrt{2}$、$\sqrt{5}$ 等少

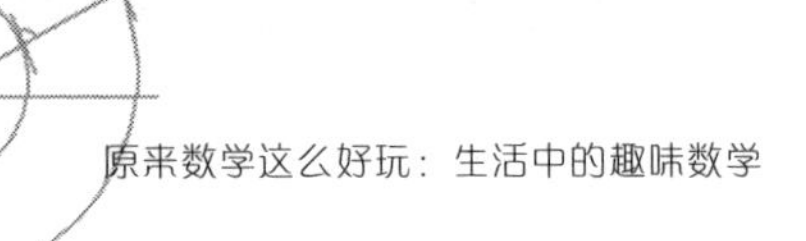

数几个。所以根据直觉，我们不会觉得无理数比有理数多。而事实恰好相反。相对于有理数，无理数有不可数的无限多个，数量自然更多。这个与直觉完全不符的结果虽然让我们有些难以理解，但是从数学的角度来看，确实如此。

无限集合有大小之分，却又是无限的，是不是有点难以理解？在数学世界中是以“**宽松度**”阐述“无限”的。我们知道，相邻偶数间不存在其他偶数。例如，2 和 4 之间不存在其他偶数。同理，在自然数集合中也是如此，比如 4 和 5 之间不存在其他自然数。因此，这样的无限集合其实是分散的。

再来看一下实数集合。两个实数之间有无数个实数，密密麻麻地挤在一起。这样看是不是就比较容易理解无限集合的大小了？在数学中，这种“宽松度”用“**基数**”一词表示，通常分为密集和稀疏两类。**可数无限集合的基数表示为**$\aleph_0$**（**$\aleph$**读作“阿列夫”）**，意思是“稀稀疏疏”；**不可数无限集合的基数表示为**$\aleph_1$，意思是“密密麻麻”。

综上所述，用数学思维来解析“无限”，会发现各种各样不可思议的现象。下面给大家介绍一下数学家**希尔伯特**提出的关于无限的“**无限旅馆的悖论**”。

假设一家旅馆拥有可数无限个房间，并且所有房间均已客满。此时有新的客人想入住该旅馆，如果你是旅馆经理，该如何处理呢？

如果房间数有限，并且当前已经满员的话，肯定无法接纳新客人。但是该旅馆拥有无限个房间，因此我们可以通过以下广播安排新客人入住：“各房间的客人请注意，为了确保新客人顺利入住，请大家移住到各自的下一号房间。”

于是，1 号房的原客人换到了 2 号房，2 号房的原客人去了 3 号房，依此类推，1 号房就空下了，可以留给新客人。如果房间数有限，比如一共有 100 个房间，并且都有客人入住，那就不可能接待新客人了。但本例中的房间数是可数无限的，所以不愁没有房间给新客人。让 100 号房的客人住到 101 号房，1 古戈尔普勒克斯号房的客人住到“1 古戈尔普勒克斯 +1”号房。如果后续还有新客人来，我们都可以这样安排。虽然这在数学理论上是完全正确的，但由于违反了常理，所以被称为“悖论”。

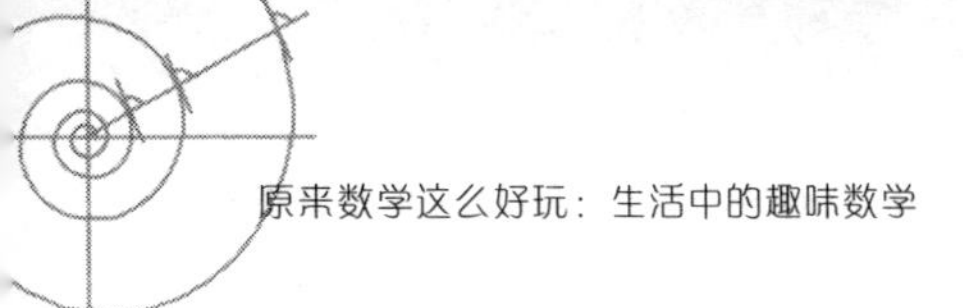

4.6 密码中的大质数

大家有编过密码吗？可能很多人小时候觉得好玩而编过吧，包括一些立刻就可以破解的密码。例如，大家知道密文“ZOOKD”的意思吗？

这是将一个英文单词中的每个字母变为它前面的字母后得到的。A 的前面没有字母，就用 Z 来代替。大家都解开了吧？这个密文对应的就是“APPLE”这个单词。在密码学中，原文字（未被加密的文字）被称为“**明文**”，例如在以上例子中，“APPLE”就是明文。将密文还原为明文的过程被称为“**解密**”。密文“ZOOKD”的明文“APPLE”正是通过解密得来的。

在现代社会中，人们都是通过计算机交换信息的，因此总会出现一些恶意盗取他人信息的不法之徒。为了防范这些人，密码学就显得至关重要了。如果能通过**加密**将明文转化为密文，再传递给对方，就算中途密文被盗，也不会泄露信息。

RSA 加密算法

在密码学体系中，有一种使用质数的、名为**“RSA 公钥密码体制”**的密码系统。它利用质数的特性，用一种非常有趣的方式编写密码，在这里一定要给大家介绍一下。RSA 加密属于**非对称加密**，即加密密钥和解密密钥是不同的。其中，加密密钥被称为“**公钥**”，解密密钥被称为“**私钥**”。与非对称加密相对的是**对称加密**，它只有一个密钥，加密密钥和解密密钥是相同的，收发双方都使用这个密钥对信息进行加密和解密，所以解密方必须事先知道加密密钥。1976 年之前普遍采用的是对称加密，这种加密方式一般通过以下步骤传递信息：

1. 发送方将密钥给接收方；
2. 发送方使用密钥对明文进行加密，传送得到的密文；
3. 接收方使用密钥，将收到的密文解密成明文，获取信息。

上述过程看似十分简单，但是这种加密方式存在很大的安全隐患。因为只要知道密钥，任何人都可以进行加密或解密。一旦有恶意的第三方截获了步骤 1 的通信，密码将会被破解。

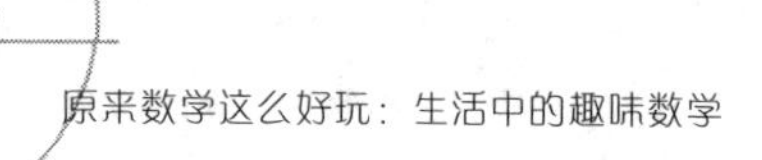

RSA 公钥密码体制属于非对称加密系统。**因为它们的加密方式是公之于众的，所以叫“公钥密码体制”**。当然，解密时所用的私钥一定要保密。而要想破解私钥，则难如登天，具体步骤如下：

1. 接收方准备公钥和私钥；
2. 接收方公开公钥，让任何人都能看到；
3. 发送方用公钥对明文进行加密，之后发送密文；
4. 接收方用只有自己才知道的私钥进行解密，获得信息。

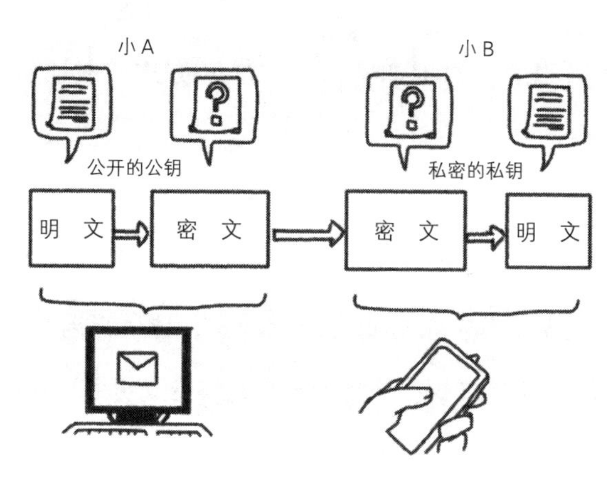

图 4–3 公钥密码体制

两种方式的区别大家明白了吧？在公钥密码体制中，不需要发送私钥。接收方（图 4–3 中的小 B）手中有公钥和私钥，但他只公开了公钥。因此，任何人都可以使用这个公钥将明文进行加密，并将密文发送给小 B。但是，私钥只有小 B 知道，所以就算有人截取了通信也无法解密。这个具有划时代意义的密码体制是目前最具影响力和最常用的加密类型，它能够抵抗目前已知的绝大多数的密码攻击手段，并且已被国际标准化组织（International Organization for Standardization，简称 ISO）推荐为公钥数据加密标准。RSA 公钥密码体制是由美国麻省理工学院的罗纳德·李维斯特 (Ron Rivest) 教授、以色列密码学专家阿迪·萨莫尔（Adi Shamir）和南加州大学的伦纳德·阿德曼（Leonard Adleman）教授共同提出的。“RSA”中的三个字母分别为三人姓氏的首字母。

RSA 加密算法案例

好不容易了解了 RSA 加密体制，下面我们就来体验一下加密和解密。在本书的最后，有一道加密题请大家尝试解密一下。如果能自己加密和解密，就可以将不好直接传输的信息变成密文后发送。例如，想向意中人表达爱意时，就可以给她发送一封 RSA 加密情书。如果她对你没有爱意，就会当作一张废纸，扔进垃圾桶；如果她也对你有意，就一定会想尽办法破解的。

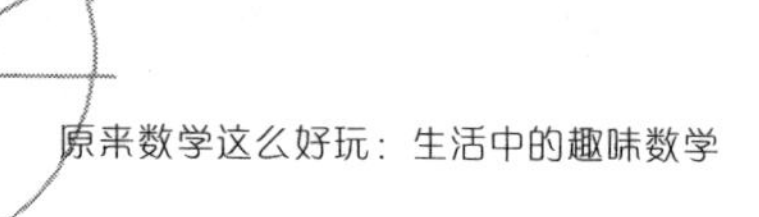

然而，破解 RSA 密码并非易事。其中的缘由不是几句话能解释清楚的，直接告诉大家结论吧：**因为大整数的质因数分解是很困难的**。所谓分解质因数，就是将一个整数分解为几个质数相乘的形式，如 $35=5\times7$。这个整数可以视为多个质因数的合，因此也被称为“合数”。小合数的质因数分解过程比较简单，如 $91=7\times13$、$3267=3^3\times11^2$、$17017=7\times11\times13\times17$。但是，当涉及数百位的超大合数的质因数分解时，连计算机也很难处理。

RSA 算法正是基于此，用数百位的超级合数设置公钥和私钥。如果第三方非法监听者想要解密，必须对这个超级合数进行质因数分解，计算量之庞大，即使是最先进的计算机也要耗时数千年。所以，想要破解这类密码是非常困难的。

公钥和私钥的生成

说了这么多，究竟怎样设置密钥呢？如果以实际通信中所用的数百位合数为例来讲解 RSA 的话，计算过程会非常烦琐，以致影响大家的理解。所以我们选取一个较小的合数——33 来进行说明，全部步骤如表 4–5 所示，其中左侧是说明，右侧是具体示例，读者可以通过对照来了解这个过程。

不管怎样，接收方都需要预先设置公钥和私钥，所以我们从这里开始讲解。过程较为烦琐，不感兴趣的读者大致了解一下即可。但是如果想要破解后面的密文，就要非常仔细地阅读了。

首先，由接收方任选两个质数（在实际应用中，为提高加密强度，通常会选择数百位的超大质数）。选择好两个质数后，按照表 4–5 所示的步骤依次进行计算即可。表中的“公钥指数”是指用于将明文加密为密文的整数值。相应地，“私钥指数”是指用于将密文解密为明文的整数值。这两个指数都可以通过计算求得。

在 RSA 密码体系中，最重要的是第五步。因为在计算解密用的私钥指数时，必须求出步骤 3 中的“ϕ”。要想求出这个参数，必须知道两个质数，而这两个质数是由接收方自己选择的，所以接收方可以很容易地算出 ϕ，至于那些意图盗取信息的不法之徒，自然不得而知。所以，即便公开了合数 n，如果求不出最初的两个质数，仍然算不出 ϕ 的值，进而无法破解密码。前面提到过，这是一个需要耗费数千年的时间才能解决的巨大工程。

表 4–5　公钥和私钥的生成

序号	步骤	说　明	示例
1	选择质数	任意选择两个质数	选择 3 和 11
2	计算合数 n	步骤 1 中选出的两个质数的乘积就是合数 n	$n=3\times11=33$
3	计算 ϕ	先将步骤 1 中选取的两个质数分别减去 1，再进行相乘，进而得到 ϕ	$\phi=(3-1)\times(11-1)=20$
4	公钥指数的生成	将与 ϕ 的最大公约数是 1，并且比 1 大、比 ϕ 小的自然数设为公钥指数	由于与 20 的最大公约数是 1，并且比 1 大、比 20 小的自然数是 3，所以 3 就是公钥指数
5	私钥指数的生成	将（公钥指数 × 私钥指数）除以 ϕ 余 1 的最小自然数设为私钥指数	先找到 $(3\times x)\div20$ 余 1 的最小自然数 x。由于 $3\times7=21=20\times1+1$，7 就是私钥指数
6	公钥和私钥	公钥指数与 n 的集合为公钥，私钥指数与 n 的集合为私钥，公钥是公开的，而私钥只有接收方知道	公钥为（3,33），私钥为（7,33）
加密			
7	文字数字化	用数字标注文字	“H”→ 7 等
8	加密	加密的公式如下：密文＝明文^{公钥指数}除以 n 的余数	将“H”（7）进行加密，步骤如下：（1）明文^{公钥指数}＝ $7^3=343$；（2）用 343 除以 33，结果余 13；（3）13 就是“H”的密文
解密			
9	解密	解密的公式如下：明文＝密文^{私钥指数}除以 n 的余数	解密的步骤如下：（1）密文^{私钥指数}＝ 13^7；（2）13^7 除以 33 余 7；（3）7 就是明文
10	还原文字	将数字还原为文字	将 7 还原为“H”

加密过程

我们已经获得了公钥，下面就可以将明文转换为密文了。事实上，加密的算式非常简单，首先将明文中的文字进行数字化处理（如表 4–5 中的步骤 7 所示），也就是用 1 表示 A、用 2 表示 B，然后按照顺序为每个字标上号，也就是从 0 标到 n–1（n 为合数），最后用下面的公式将明文转换为密文：

密文 =（“明文”的“公钥指数”次方）除以 n 的余数

也就是说，将明文转换为数后，计算其公钥指数次方，再除以 n，得出的余数就是这个文字的密文。虽然这个过程十分简单，只需要进行一个乘方和除法运算就能完成，却能将原来的数变为与之毫无关联的密文。如果将除以 n 后得到的余数作为密文，那么这个密文一定是在 0~n–1 之间的某个数。

密文的解密

最后一个步骤就是接收方用只有自己知道的私钥进行解密。这个过程与加密的步骤是相同的，只需按以下公式计算

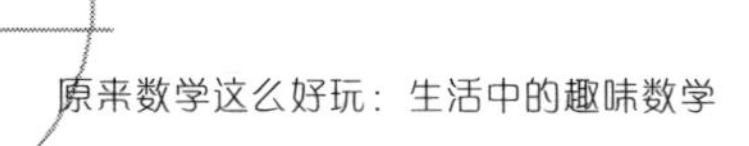

即可完成：

明文 =（“密文”的“私钥指数”次方）除以 n 的余数

不可思议的是，通过以上计算就能得到明文。如果想知道为什么，就要使用一个名为“费马小定理”的公式来进行验证，太专业的内容我们在这里不进行阐述。总之，再将得出的数还原为文字，那么整个解密过程就结束了。

对于在公钥和私钥的地方就放弃研究的读者来说，加密和解密的过程也十分简单。另外，仅通过一个解密公式，怎么就能将密文还原为文字了呢？有兴趣的读者可自行研究，这里就不多讲解验证过程了。

挑战密文

接下来，为了检测大家是否真正掌握了密码学规律，我为大家准备了一道比较复杂的题。请读者解密以下两段 RSA 密文，其中，文字和编号的对应关系如图 4–4 所示。虽然解密成功后没有物质上的奖励，但是可以获取我的秘密箴言，所以请大家一定要尝试一下！

私钥:(5,35)

密文 1:24 07 09 31 17 00 06 08 32 31 22 14 12 33 23 31 00 12 09 31 23 11 20 09 00 17 08 23 07 31 14 23 23 08 10 12 00 06 09;

密文 2:24 07 00 13 05 31 19 14 20 31 10 14 12 31 12 09 00 33 08 13 06 31 24 07 08 23 31 01 14 14 05 27.

编号	00	01	02	03	04	05	06	07	08
文字	A	B	C	D	E	F	G	H	I
编号	09	10	11	12	13	14	15	16	17
文字	J	K	L	M	N	O	P	Q	R
编号	18	19	20	21	22	23	24	25	26
文字	S	T	U	V	W	X	Y	Z	-
编号	27	28	29	30	31	32	33	34	
文字	!	1	2	3	4	5	6	7	

图 4–4　文字和编号的对应关系

后 记

毕达哥拉斯得出“世界是由数构成的”这一结论距今已2500多年。人类利用数学的力量，不但将火箭送上了天、生成了千年难解的密码，还可以在四次元世界中驰骋。而物理学家们始终坚持不懈地研究着如何使用公式来表示宇宙的生命历程。

生活在这样一个年代，我们除了感觉到数学的无处不在，还能感觉到它的遥不可及。很多人学生时代每每遇到数学就害怕。书本中的数学往往都是比较枯燥的，各种公式和算法大多要死记硬背。像这样只一股脑儿地灌输数学知识，自然让人丝毫感受不到数学的美丽和魅力，难免会让人厌倦。

虽然大家不喜欢数学，但是它是我们生活的基础之一。自然、飞机、棋牌游戏……数学始终在不知不觉中丰富着我们的生活。如果通过本书，能让读者感受到教科书没有传达的数学魅力，我将不胜荣幸。我也希望本书能帮助大家进一步发现数学之美，多一些愿意去发现数学的迷人之处的人。

最后，我要感谢那些帮助我出版这本书的伙伴：为本书东奔西走的森铃香（朝日新闻出版书籍编辑部），为本书提供多种想法、对初稿提出建议并绘制插图的远山怜（苹果核战记代理商），为本书做封面设计的杉山健太郎等。当然，最要感谢的就是一直读到此处的你——亲爱的读者，非常感谢！

冨岛佑允